大樂文化

大樂文化

大樂文化

為什麼 **99%的成交**都藏在

銷售細節

40個小地方，是你業績翻倍的機會！

南勇──著

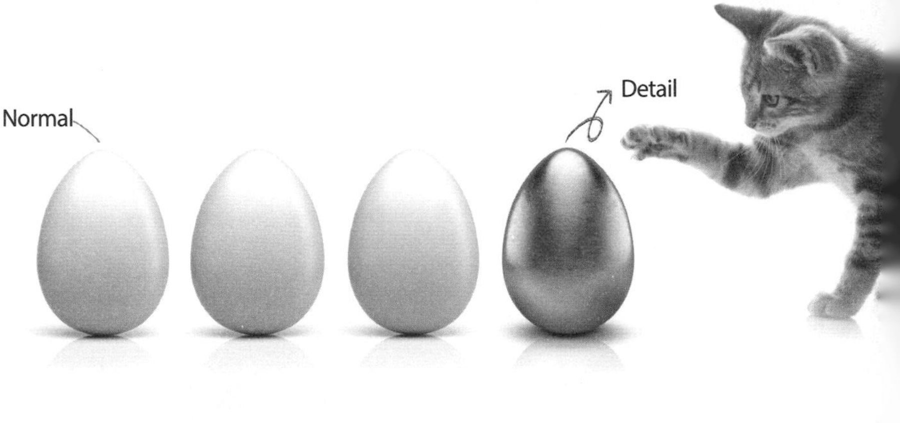

第1章　搞定進門前「停車問題」，可以大幅提升成交率

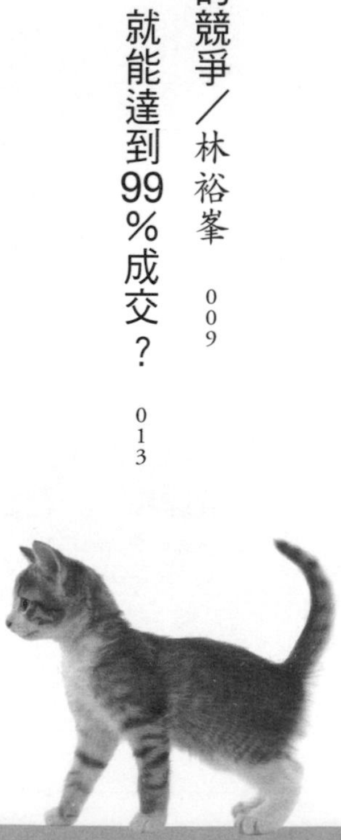

Contents

第4章 顏值即正義的時代，用「外貌」贏在起跑點 089

Contents

第5章

「問候」與「展品」，決定客戶是否有感

Contents

推薦序

世界級的競爭，就是細節的競爭

超越顛峯教育機構執行長
亞洲華人提問式銷售權威　林裕峯

有人問過我，世界上賺最多的職業是什麼，我當時毫不猶豫地回答「銷售」。然而，賺最少的工作同樣也是銷售。銷售的工作藏有無限可能，或許一年就可以年薪千萬，也可能只有基本底薪。

毋庸置疑，銷售工作相當有樂趣，而且必須深諳人心，因為銷售員無時無刻不在與各種類型的客戶打交道。銷售有心法也有技巧，表面上看起來在賣產品、賣服務，實際上是在推銷自己。真正的銷售高手是心理學大師，能夠直擊客戶內心、命中要害。

世界上沒有賣不出去的產品，只有不懂攻心術的銷售員。銷售高手只要三言兩語，就能成交千萬元，相反地，不懂人心的銷售員總是不知不覺將大單拒之門外，導致談了半個月的訂單轉眼飛走。

世界級的競爭就是細節的較勁，而銷售員之間的競爭往往就是在比拚細節。然而，許多銷售員經常忽略瑣碎、簡單的事情，導致容易錯漏百出。只有從大處著眼，小處著手，並學會如何與細節中的魔鬼較量，才能達到銷售的最高境界。

現代社會中，細節無處不在，想成為卓越的銷售員，必須養成在小地方也盡善盡美的習慣，才能具有強大的競爭威力。

本書內容具體實用，深入淺出地講解運用細節的方法，並透過場景化的形式，輔以生動的對話情境和輕鬆的小故事，讓讀者能夠更方便、更快捷地把握銷售細節，具有非常強的實戰性。

此外，在每個章節中，作者透過豐富的實例講解，針對銷售過程中常見的地雷進行指導，並設計出一系列能抓住客戶心理的問題，有利於讀者學以致用，讓銷售變得更簡單。

本書提供的技巧，有助於與客戶建立信任關係，進而促成交易，相信各位可以藉此掌握想知道的細節，讓自己成為銷售冠軍。

期許各位能從本書吸取精華、成就自己，快速成長為一名善用細節助長業績的銷售高手！

編者序
為何掌握「顧客小心思」，就能達到99%成交？

在服務業中，許多人容易犯下一個常見錯誤，就是誤以為只要搞定商品及銷售員就好。其實，在商業舞台上，如果銷售員希望與顧客的「愛情故事」圓滿收場，還需要無數配角和場景來推動主線劇情。

那麼，該如何徹底運用這些配角與場景，讓顧客擁有極致體驗，進而提高成交率呢？本書作者借鏡日本享譽全球的服務業經驗，用生動的真實案例，介紹如何將「行為上的細節」玩轉到極致。事不宜遲，以下先「劇透」本書的章節重點：

● 第一章：搞定進門前「停車問題」，可以大幅提升成交率

在人多地少的都市中，停車是現代人頭痛的問題，但是許多商家卻將其當作「店外」的事情，認為與銷售無關。不過，如果能參考本書提到的四個管理方法，讓顧客擁有絕佳的停車體驗，便能輕鬆留下良好印象。

● 第二章：避開「環境地雷」，打造100%成交的面談空間

有了優質的產品或服務、理想的銷售員，舒適的環境也非常重要。各位曾遇過以下狀況嗎？當你正仔細聆聽商品介紹時，發現旁邊有其他人正在聊天或竊竊私語。這就是會干擾顧客的環境地雷。

除此之外，本書還提供多個至關重要，卻時常被忽略的環境地雷，相信各位閱讀時，一定會心有戚戚焉。

● 第三章：到「廁所」巡一圈，就能決定你的業績好不好

日本經營管理大師曾說：「一家公司經營得好不好，看廁所就知道。」避開上一章的環境地雷之後，還要注意廁所這樣的環境死角，不要讓「一顆老鼠屎壞了整鍋粥」。因為，越是不顯眼的地方，一旦顯眼起來越具有毀滅性。

● **第四章：顏值即正義的時代，用「外貌」贏在起跑點**

以貌取人是人性，商場上也是如此。當顧客對員工外貌留下好印象，成交機率也會大幅提升，如果能進一步讓顧客驚豔於員工的外表，結果更不用說了。另外，名片也是商家的門面代表，本書除了介紹正確遞名片的流程，還列舉許多優秀名片的案例給各位參考，讓你的名片也能被顧客長久保留。

● **第五章：「問候」與「展品」，決定客戶是否有感**

營造理想的環境和外在之後，接下來進入與顧客交鋒的重要環節。首先，用問候卸下顧客的心防，並讓他們感到賓至如歸。接著，再透過展品撩撥顧客的購買欲望，只要在這些環節打中顧客需求，便能順利走向成交。

● **第六章：待客就像追情人，隨時要注意「細膩小心思」**

那麼，在介紹商品時要注意哪些小細節，避免踩到顧客的地雷呢？萬一不小心惹怒顧客，又該如何平復他們的情緒？本書提供兩個實用方法，教你在最短時間內，緩解顧客的憤怒情緒。

● **第七章：結尾常做這些事，「回頭客」的業績做十年**

本章講述如何充分運用「銷售情商」，就連帶新人都可以提升自我印象，甚至當被顧客惡意找碴時，也可以將危機化為轉機，讓奧客變成忠實回頭客。

顧客對銷售員的信賴是由無數細節和感受組成，即便對其中一兩個細節無感，積少成多就會變「有感」，構成負面的第一甚至最終印象，對生意造成致命影響。

如果各位是銷售員、管理階層或是經營者，閱讀本書時不妨捫心自問，是否犯下書中提到的地雷。如果各位是顧客或對銷售有興趣，今後光顧各家公司或店家時，也可透過書中提及的細節，判斷該商家是否值得信任，減少「踩雷」機率。

接下來，請各位抱持輕鬆的心情，從第一章開始讀起吧！

NOTE / / /

如果店家能針對停車場的問題，提出改變的做法或行動，哪怕只取得一點進展，都可以輕鬆地脫穎而出，成功地將核心競爭力收入囊中。

第1章

搞定進門前「停車問題」，可以大幅提升成交率

你有遇過這4種，讓人想搥心肝的停車地獄嗎？

古人云：「蜀道難，難於上青天。」今人說：「停車難，難於登蜀道。」這種說法或許有點誇張，卻戳中不少現代人的痛點。也許是世界經濟發展得太快，超出大多數人的預想，讓所有人措手不及。

如今，「開車難，停車更難」成為大城小鎮最常見的一道風景。相信每個開車族對於找停車位或是把車停妥，都有一肚子的苦水要吐，我也不例外。以下舉四個我實際遇過的停車地獄，相信許多人應該會心有戚戚焉。

❖停車場太簡陋

針對停車的問題，上週就發生四件讓我十分煩心的事。週三晚上，我和妻子開車前往名叫「天宮火爐」的自助燒烤店吃飯。晚上六點出門，正是車水馬龍的時候，交通高峰期的風景絕對稱得上險象環生，甚至是九死一生。原本只要短短二十多分鐘的路程，足足開了一個多小時才抵達。

我們費盡九牛二虎之力，總算來到燒烤店附近，沒想到卻變得更困惑，明明導航告知抵達目的地，但是根本找不到燒烤店的招牌，完全不知道這家店在哪裡。

只見馬路邊是一排或高或矮的建築物，建築物前面是一片停滿各種車輛的平地，我們實在找不到「天宮火爐」的招牌，以及店家停車場的標誌。就這樣吃力地來回兜轉幾圈後，心想索性將車子開到建築物前的平地，不管三七二十一，先找個地方停下來再說。還好老天有眼，我剛把車子開上馬路，立刻發現一個不起眼的停車位。

正當我們大喜過望，想把車子順勢塞進停車位的時候，不知從哪裡冒出一個人，使勁地朝我們擺手，大聲嚷嚷著：「此地禁止停車！」無奈之下，我只好搖下車窗，向他打聽燒烤店的位置，對方用手指向一個方向，我瞇眼看了一陣子後，才在一排花花綠綠的霓虹燈招牌中，勉強找到「天宮火爐」的字樣。

於是，我只好再次啟動車子，在密密麻麻、停得亂七八糟的車輛中龜速穿行。那條路的路況極差，地上到處都是大大小小的污水灘，以及各式各樣的垃圾和碎石塊。眼看店門口已經近在眼前，忽然車身一震，左前車輪陷進一個大泥坑裡，底盤被一塊石頭刮了一下，發出刺耳的聲響，我不禁在心裡暗罵一句：「今天真倒楣！飯還沒吃到就先添一道疤！」

來到店門口後，我們再次感到困惑，這已經不是有沒有停車位的問題，而是根本不存在車位這個東西！地上既沒有指示牌，也沒畫任何白線，眼前的車輛全部都是見縫插針、歪七扭八、毫無章法，車子到底該怎麼停？又該停在哪裡？

還好我們運氣不錯，剛好有一輛車要離開，不過問題很快又出現了，那輛車該怎麼離開，我們該怎麼停進去？店鋪與停車場之間幾乎沒什麼空間，更何況店門口還停放一大堆自行車，空間更是狹窄。

無奈之下，我只好冒險倒車，總算讓那輛車成功開出去。不過，當我把車子開到空位前，又再一次傻眼。那個位子至少有三分之一是大坑洞，而且車子停進去後，一半的車尾會暴露在後方車子行經的路上。也就是說，只要後方的車子開進來或駛離，我們的車便可能會被刮傷，但是如果不完全停進去，車頭便會露出一截，同樣可能被刮到。

我費了一番功夫，小心翼翼地把車子停好，下車後和妻子圍著車子轉了三圈，心裡仍然不踏實。那天晚餐吃得非常彆扭，席間妻子不停催我出去確認情況，我雖然故作鎮定，裝出不在乎的樣子婉拒，心思卻始終留在我們的愛車上。

❖停車場指示不清

週六，我和妻子帶孩子到市內某大型購物中心逛街，這次將車子停進地下停車場，難得享受完美的停車體驗。但是我一下車又困惑了，購物中心的地下停車場面積非常大，通往購物中心的路在哪裡？電梯又在哪裡？

購物中心停車場裡的硬體設備一流，各種指示牌異常詳盡，但這正是問題所在，因為大量且密集的指示牌反而令人感到一頭霧水。我們只好向其他車主打聽，得到的答案居然是：「我們也正在找呢！」

無奈之下，我們四下張望，希望能詢問工作人員，但是怎麼找，都看不到他們可愛的身影，我們心灰意冷，在停車場裡漫無目的地走動，心中暗暗祈禱奇蹟發生。沒想到奇蹟真的發生了，只見一個身穿制服的員工緩緩走來，我們大喜過望地抓住他問路，但得到的回答依然是：「不知道。」

在停車場迷路至少二十分鐘後，我們好不容易從昏暗陰冷的地下，來到光明溫暖的地面，卻怎麼也提不起興致逛街購物。幾小時後，當一家人踏上歸途，又遇到新的麻煩。

❖缺乏應對混亂狀況的能力

由於一時之間，停車場內有太多車子要離開，出口處的車隊排得太長，前面的車子等得不耐煩，居然開上入場專用的道路想插隊，後面的車見獵心喜，跟著有樣學樣，無一例外地全部塞在入口處動彈不得。因為入場車進不來，在馬路上大排長龍，堵住出場車的去路，導致所有車子都動彈不得，兩邊的隊伍越排越長，不但癱瘓整個停車場，也堵住半條馬路。

每個人都指望有人出來管一管，不論是員警、保全或其他工作人員，局面已經發展到這一步，必須有人做點什麼才會有一線生機。但是，半個小時過去，始終沒有任何人出現，只聽見此起彼落的汽車喇叭聲，以及駕駛焦躁的謾罵聲。

後來我實在忍無可忍，從車上跳下來，運用日本學過的指揮交通技術，扯著脖子猛喊，試圖打開一個缺口。五分鐘後，堵在入口的第一輛出場車，在其他人的白眼與罵聲中，有驚無險地和排在最前面的入場車擦身而過，兩邊車龍終於緩緩而行。

❖顧客與員工爭奪停車位

回家的路上，我們經過某歐洲名車的展示中心，平日愛車如命的妻子想進去逛逛。開進停車場的途中，我在店面前看見一大片積水，面積大概跟停車位一樣大，旁邊豎著一個牌子，上面寫著幾個大字：「此處有積水，請繞行。」下面還有一排小字：「造成您的不便，我們深感抱歉。」

實際上，這點積水只要兩個人、兩個水桶，不用十分鐘便能清理乾淨，但這家店不知為何，居然決定靠豎牌子來處理，令我感到相當納悶。繞過積水後，我把車子開進停車場，再次碰到令人頭痛的問題。由於時值週末，來店客人很多，停車場內車滿為患，我們繞了好幾圈都找不到車位，無奈之下只好求助於門口的保全。

保全低聲咕噥幾句，一臉不情願地走進展廳，約莫過了七八分鐘後，走出幾個穿西裝打領帶的年輕人，看起來像公司員工。只見他們鑽進停車場，將幾輛車子開到後方的窄小空地上。

這時我才意識到，原來顧客的車位被員工車佔據了！我仔細盯著後方那片窄小空地，依稀看見地上用白色油漆刷著「員工停車位」的字樣，只不過經過風吹雨打，字跡幾乎難以辨認。

很顯然地，員工佔用顧客停車位已經成為常態，畢竟顧客的停車位寬敞又舒適，非到萬不得已，沒人願意把愛車停在陰暗窄小的空地裡。

店家把最佳停車位留給顧客，把條件差的位置留給員工，是為了表示對顧客的一片心意，卻被員工徹底毀掉。這個展示中心的背後是世界名車的品牌，管理素質居然如此低下，實在令人咋舌。

相信很多人都經歷過類似情況，甚至已經見多不怪。但是，停車場問題蘊含的商業含義，絕對不容小覷。

成交筆記

許多商家的停車場環境糟糕、指示不清、缺乏應對混亂狀況的能力，或是和顧客搶奪停車位，這些都會使顧客在心中扣分。

同業忽略的地方，正是輕鬆取得競爭力的捷徑！

讓我們回到商業的原點。服務業是什麼？賣的是商品還是服務？答案顯然是後者。但是，服務又是什麼呢？

從本質上來講，其實所有商業都是服務業，而且賣的是顧客的感覺。感覺好一切都好說，感覺不好則一切免談，正所謂「有錢難買我樂意」。

很顯然地，在停車場的問題上，大多商家會下意識地將停車與本業切割，認為停車場是「外面」的事、店鋪是「裡面」的事，做生意只要搞定裡面的事就好。然而，停車問題已經帶給顧客如此大的困擾，商家卻視而不見、無視顧客的感受，又談什麼商業和生意呢？

也許有人不服氣，認為停車與人的素質也有關係，許多人常把汽車當自行車，而且任性妄為、無視秩序，完全不管互諒互讓或交通規則，只管自己痛快。但如果每個人都怨天尤人，不願做出改變，結局就是一場悲劇，最後大家一起倒楣。不論商家再怎麼努力，都很難扭轉整個環境。

❖把危機當轉機，從同業中脫穎而出

確實如此，這種環境容易讓人產生一種莫名的無力感。不過，換個角度想，把危機當作轉機，會得到完全不同的結果，商家反而可以有所作為，甚至大有作為。

理由很簡單，當大環境下每家店的處境都差不多，這種局面會導致兩種情況：第一，大多店家撒手不管，甚至沒意識到自己可以有所改變；第二，顧客會被動且麻木地適應環境。

因此，如果店家能針對停車場的問題，做出改變或行動，哪怕只取得一點進展，都可以輕鬆地脫穎而出，成功將核心競爭力收入囊中。

那麼，看似雜亂無章的停車場管理環節中，又有哪些文章可做，哪些門道可循呢？我將在下一節仔細介紹。

成交筆記

許多商家經常認為停車場是店外的事，搞定店內就萬事大吉，但如果能在停車問題上與同業拉開差距，便能脫穎而出。

【停車場管理1】停車引導員夠專業嗎？

做生意和懂生意完全是兩碼子事，許多人經常光說不練，或是空口說白話。相同地，管理停車場時千萬不要紙上談兵，只要肯下功夫、善於思考、勇敢嘗試，相信可以想出一些有效的招數。接下來，我先從「專人負責」開始探討。

專人這兩個字有兩層意思，第一是停車場本身需要專人負責，第二是所有員工都要對顧客的停車事宜負責。

在西方國家，從顧客把車子開進停車場的那一刻開始，就算是進入店面。因此，把停車場當作店面的一部分，已經成為一種常態甚至是常識。我認為這才是真正的專業態度。

❖停車場由專業人員負責

實際上，現在不少商家都會在停車場配置專職的引導員，一般情況下大多由保全兼任。但是，其中最大的問題在於，這些人的表現實在稱不上專業。

我想先從態度說起。大多停車場的引導員或保全不會給顧客好臉色看，通常都是板著撲克臉，或者一臉不悅地對顧客大呼小叫甚至厲聲喝斥。很少見到引導員或保全會對顧客面帶微笑，更遑論熱情地說聲「歡迎光臨」。

不僅如此，他們處理突發情況的表現也令人失望。舉例來說，當停車場出入口大排長龍、塞得水洩不通時，常會見到長龍的盡頭站著一、兩個保全，看似在維持秩序，其實無所作為，只是直愣愣地站著裝裝樣子而已，這樣的工作態度實在令人無語。我認為他們非但沒有幫到顧客，反而成為擋路的大型障礙物，往來車輛經過他們身邊時，還必須小心不要碰撞到他們。

很顯然地，儘管這些商家配置專人負責停車場，仍然沒有把停車場當作店面的一部分。這種心態不知道在多少顧客心中，留下負面觀感，也白白浪費了創造好印象的機會。

我想起自己的打工經歷，在日本留學的時候，曾在交通引導機構打工將近六年，親身領略什麼叫作專業。

交通引導機構的工作內容很簡單，就是在週末或節日等交通壓力驟升的時候，協助大型商場、購物中心、娛樂中心等商業機構，維持停車場秩序。

儘管引導員不是正規的交通警察，專業程度卻一點也不遜色。首先，我們的裝備非常齊全，舉凡帽子、專業制服、電子指揮棒等一樣都不少。其次，行為規範必須經過嚴格訓練，包括站姿、手部引導動作、用字遣詞都有一套明確規定，任何細節出現紕漏，都可能丟掉工作。

最後，每個員工必須具備熱情的服務意識和良好態度。將顧客的車引導至停車位之後，在顧客步出車門的瞬間，必須大聲招呼「歡迎光臨！」相同地，引導顧客的車離去之後，則要對著逐漸遠去的車屁股深深鞠躬，並高聲致禮：「感謝您的每次光臨！」

在尖峰時段，停車場裡車多、人雜、噪音多，引導員的嗓門必須洪亮，並且感情充沛地招呼顧客，才能傳達出滿腔的熱情。不只如此，引導員還要知道所有合作店家的基本經營情況，以便隨時應對顧客的問題。

對引導員而言，「不知道」是絕對的禁語，只要顧客尋求幫助，幫他們解決問題便成為我們的責任。即使當場無法處理，也要對這件事負責到底，並且動用一切資源、想盡辦法幫助顧客，直到問題圓滿解決為止。換句話說，只要顧客找到我們，他們便找到「終點」，我們會一手包辦其他所有事，顧客不需要再多費心。

與此同時，這份工作還要負責一大堆商家的瑣事，比如清潔停車場、回收購物車、關照走失兒童等。這些事看似簡單，全部做到位卻不容易，必須具備極高的情商、觀察力、反應力與機動力。

從另個角度來看，如果能圓滿處理這些瑣事與細節，便得以大幅提升店家的水準，以及顧客的購物體驗。我認為日本在服務品質方面的口碑，就是這樣一點一滴慢慢累積起來。

許多人常問我：「日本人在管理上有什麼秘訣？」我的回答總是一樣：「沒有什麼秘訣，就是把小事、瑣事做好而已。」能做到這點，就是專業。

❖所有員工都要對顧客的停車負責

介紹完專人負責停車場之後，接下來我想聊聊，為什麼所有員工都要對顧客的停車事宜負責。簡單來說，就是把公司當作一盤棋，無論你是誰、職位是什麼，只要是公司的員工，就有義務為顧客提供最佳的服務，讓他們獲得最好的體驗，這也是一種專業精神。

也就是說，只要停車場開始擁堵，任何抽得出空閒的人員，都有義務在第一時間現身，為顧客提供熱情而優質的引導服務。許多人可能會用術業有專攻或是分工理論來搪塞，但在現代職場中，除了分工之外，合作也是基本的職業素養。

因此，哪怕你是維修工、洗車工，甚至是公司裡的會計，一旦遇上特殊情況，見到顧客都必須瞬間調整角色，在大腦意識中灌輸「待客」兩個字，並體現在行動上。只要顧客有任何疑問或困擾，都必須無條件予以解決或協助處理，絕對不可以擦身而過或視而不見。這才是做生意的態度、專業本事，更是真正的職業素養。

我想到一個有趣的案例。前陣子我去家裡附近的小吃攤吃飯，當時正值中午用餐時間，窄小的馬路塞滿往來的車輛，喇叭聲、抱怨聲不絕於耳，但是馬路兩旁的餐館和店家員工，居然都站在店門口看熱鬧，沒有半個人願意站出來幫忙維持交通秩序。

這個場面真是令人感到不可思議，堵在路上的人車之中，肯定有不少潛在顧客，若客人進不了店，商家也賺不到錢，旁觀的員工居然一副「看熱鬧不怕事大」的心態，生意還怎麼做？這個場面再次驗證一個道理，做生意和懂生意真的是兩碼子事。

成交筆記

停車場請專業人士負責，讓顧客在進店之前，就感受到店家滿滿的誠意。

【停車場管理2】停車環境夠整潔嗎？

管理停車場要注意的第二個地方是，商家應不惜一切代價、盡最大努力，讓顧客方便停車。

首先，停車場要有明確的指示，而且指示牌的數量、種類、擺放位置、字跡，甚至牌子和文字的顏色，都要讓顧客一目瞭然。如果採用圖示，則必須簡潔明瞭，絕不可過於繁瑣、矯枉過正。總而言之，賣方有義務在最短的時間內，滿足顧客的基本需求。

其次，最好在地面畫上白線和方向指示標記。白線代表秩序和安全，而且有助於提升管理效率、降低管理成本。沒有白線的停車位會令顧客相當頭痛，一來不安全，二來容易造成混亂。

另外，有些店家確實會在停車場畫上白線，但是之後便撒手不管，任憑日月流逝、風吹日曬，於是白線日漸斑駁，越來越難以辨認，直至最後消失不見。因此，重點不在「畫線」這個動作，而是讓顧客清晰地「看見」你畫的線。

為此，應該把畫線當作例行公事，必須定期補強，確保白線的清晰與美觀。而且，光是從畫線這個細節，便能充分體現出店家的經營和管理素養。實際上，斑駁凌亂的線條，會帶給顧客落魄甚至破敗的印象。停車場是店家與顧客形成第一印象的最初環節，其中的意義絕對不可小覷。

❖ 5S管理，從停車場開始

我認為5S管理❶絕對不能只從店內開始，而要從店外及停車場開始。首先，停車場不能有垃圾、污水、磚頭或石塊等明顯有礙觀瞻的東西。說得極端一點，連菸頭、碎紙屑都不應該出現。

換句話說，停車場的條件不一定要多高級，哪怕是普通的柏油地面，只要能做到絕對乾淨、整潔，便立刻顯現出高水準，令人覺得秩序井然。

說起停車場的清潔狀況，我總是覺得相當感慨，常看見有些員工手裡端著一個大桶子，順手便將桶中的髒水潑在店門口的停車場上。另外，我時不時會看到店員打掃完之後，隨手就將垃圾堆在店門口，或是停車場的某個角落，然後若無其事地轉身走回店裡。

這些行為背後代表什麼意義？難道是想讓顧客踏著髒水和垃圾走進店裡嗎？還是讓顧客把愛車停在髒水與垃圾旁？

我在日本留學、生活八年，不論大街小巷、大店小店，停車場的整潔程度每次都令我嘆為觀止，幾乎可稱為藝術品。停車場的白線就像當天早上剛畫過，既潔白又清晰。整潔程度更不用說了，有時候連一片落葉、一張紙屑都找不到。每次到日本的停

❶ 5S管理由五個日文讀音為S開頭的單字組成，分別是整理（SEIRI）、整頓（SEITON）、清掃（SEISO）、清潔（SEIKETSU）、素養（SHITSUKE）。

車場，我都會有種想換上拖鞋的衝動。

可能許多人不以為然，認為停車場寒酸一點也無所謂，只要店面乾淨整潔就好。然而，這種想法從本質上來說是錯誤的，因為真正的高水準往往體現在多數人不注意的細節上。

舉例來說，我去過許多遊樂園，對於某個地方總是看不順眼，實在不吐不快，那就是遊樂園的油漆。我一直想不通，為什麼擁有高檔硬體設施的遊樂場，偏偏把裝點門面最關鍵的油漆刷得那麼潦草？

無論是地上、牆面，甚至是遊樂設施上的油漆，幾乎都刷得歪七扭八，還可以看到刷子的痕跡，以及濺得到處都是的油漆斑點。一言以蔽之，一般人大多是用外貌蒙混過關，也就是「金玉其外，敗絮其中」，忽視門面的遊樂園反而變成「金玉其中，敗絮其外」。

許多人看到這裡，可能還是不以為意，認為顧客不會在意這些瑣碎的枝微末節，更不會影響商店的生意，沒必要大驚小怪、小題大作。

的確如此，除了特別敏感或吹毛求疵的顧客，很少人會在意這些小細節，也幾乎沒有人會因而抱怨或投訴。但是，顧客不在意、不抱怨、不投訴，並不代表沒感覺。沒有確實分辨兩者的不同，可能會喪失許多進步的機會。

從商業的角度來說，顧客對店家及服務品質的感覺，就像一套環環相扣的作業系統，由無數的細節和感受所構成。換句話說，即便對其中一、兩個細節無感，積少成多就會變「有感」，進而構成顧客對店家負面的第一印象，甚至是最終印象。這種印象一旦形成，便難以動搖。最後，甚至會對生意造成致命且不可逆的終極影響。這就是商業的本質。

成交筆記

不一定要追求高檔華麗的停車場，只要能維持乾淨、整潔，便會立刻顯現高水準，令人覺得秩序井然、高品質。

【停車場管理3】
顧客和員工的車都停在一起嗎？

管理停車場要注意的第三個地方是親疏有別。顧客與員工的停車區一定要分開，並且清楚明示。員工停車區的條件可以差一點，顧客停車區的條件則必須較好。

此外，最好用文字明確標示出這兩個區塊，或是用不同顏色明顯區分。這麼做的原因是為了取悅顧客，儘管做法露骨卻相當有效。顧客將車輛駛入停車場的瞬間，便感覺到自己的身份與眾不同且尊貴，而這份感受將縈繞在他們心中，直到離店為止。

許多人常將「顧客是上帝」掛在口邊，天天嚷著要提供顧客「最尊貴的服務」，而這種奢侈的待遇應該從停車場開始。我過去在汽車銷售業界時，要求旗下所有的經銷店，必須無條件做到顧客與員工親疏有別。在炎熱的夏季，還會要求員工主動為顧客的車輛罩上車衣，只有把工作做到這種程度，才稱得上真正的細緻和專業。

而且，這些做法不只對名牌或精品店有用，小店面同樣適用。僅僅是重新粉刷停車場的白線，就可以收到偌大的效果，幾桶油漆不用花多少錢，但這份心意能讓顧客深受感動，並對店家刮目相看。

另外，還需要特別注意，劃分顧客與員工停車區後，不建議再於顧客停車區中，進一步畫出「VIP停車位」。我在許多販售奢侈品的高檔店，經常見到這種區分顧客的情況，不過這種方法相當不可取。

一言以蔽之，無論顧客買多買少，商家都必須一視同仁，這是服務業的基本要求，為顧客貼標籤是千萬不可犯的大忌。

有些人可能會反駁，區分高低貴賤的服務業比比皆是，不論是高鐵座位、飛機艙位都有等級之分，為什麼停車場不能依樣畫葫蘆呢？關鍵在於空間性質不同，會帶給顧客不同的心理感受。

舉飛機艙位的例子來說，當人們處於廣大而嘈雜的空間（機場），沒有閒暇關注或感受這種區別，再加上不同檔次和價位的客艙彼此隔離，並非在所有乘客面前，赤裸裸地展示尊卑有別的待遇。

如今許多服務業會依靠金卡、貴賓卡、VIP卡來劃分等級，但這具有一定的封閉和隔離性，甚至是某種私密性。相反地，停車場缺乏封閉性和隔離性，在這種地方顯現顧客的高低貴賤，無疑是種挑釁，甚至是公開羞辱。

不過，安排專用的無障礙停車位則是例外，這種安排與顧客的尊卑有別無關，不會帶給顧客不良的心理暗示。

成交筆記

為顧客貼標籤是千萬不可犯的大忌，無論顧客買多買少，都必須一視同仁，這是服務業的基本要求。

【停車場管理4】能承擔「代客泊車」的風險嗎？

管理停車場要注意的第四個地方是代客泊車。在目前的用路生態下，雖然許多人已經習慣在各種險象環生、千鈞一髮的狀態下停車，但大多數人對這種情況仍感到頭痛無比。

❖利用代客泊車的風險，創造獲利機會

很顯然，代客泊車是個有效的解決方案，特別在交通高峰期、夜晚或環境條件較複雜的情況下，顧客如果能享受到代客泊車的服務，會覺得這簡直是種解放和奢侈。

遺憾的是，儘管這項服務有諸多好處，實際執行的店家卻是少之又少，原因無非是害怕承擔風險，若不小心刮壞顧客的車子，必須負起賠償責任。有這種想法很正常，但這份擔心和風險的背後，其實藏有相當巨大的機會。

如果用經濟學的概念來解釋，便是「風險互換交易」。簡單來說，就是某人得以把風險或潛在風險轉讓到另一個人身上，但是必須為此付費。對拋出風險的人而言，可以甩掉一個燙手山芋；對接下風險的人而言，雖然得到一個燙手山芋，卻能賺到錢。雙方各得其所、互利共贏。

代客泊車就是這樣的交易。店家承擔為顧客停車的風險後，固然會增加負擔，但也能加分。也就是說，代客泊車能使店家與顧客共創雙贏，兩方都不吃虧。從這個層面來看，具有風險、沒人想做的事情當中，藏有無盡寶藏，因為它們能創造大量潛在的獲利機會。

名聞遐邇的火鍋連鎖店「海底撈」就採取這個模式，多年前便推行代客泊車的服務。表面上來看，這家店似乎得不償失，殊不知正是這樣一點一滴的累積，成就海底撈的滿意度、企業口碑，以及社會形象等無形資產。

如果實在害怕高風險，不妨將其轉嫁給保險公司，應該得以有效減輕肩上的壓力。如果不幸發生意外，除了照價賠償之外，還可以發給顧客「終生優惠卡」以示歉意。這樣一來，便能把本來的壞事轉換成好事，還可以透過這個機會抓住一個顧客，讓他長期來店消費，正所謂「不打不成交」。

成交筆記

具有高風險、沒人想做的事物當中，藏有無盡的寶藏，因為它們能創造大量潛在的獲利機會。

重點整理

- ☑ 現代都市人經常花大量時間停車，如果幫顧客妥善處理停車事宜，便能使他們未進店前就有好印象。
- ☑ 所有服務業賣的都是顧客的感覺，感覺好一切好說，感覺不好則一切免談，這正是「有錢難買我樂意」。
- ☑ 日本的管理秘訣就是把小事、瑣事做到盡善盡美。
- ☑ 即便顧客對一、兩個小細節無感，積少成多就會變有感，進而構成第一印象，甚至最終印象。
- ☑ 待客必須一視同仁，為顧客貼標籤是千萬不可犯的大忌。
- ☑ 高風險的服務當中，藏有大量的獲利機會。

NOTE

/ / /

「抬高別人，放低自己」是一堂深奧的情商課，這既是與人相處的學問，也是服務業的常識。

第2章

避開「環境地雷」，打造100%成交的面談空間

銷售員的主角光環，需要「環境配角」來襯托

顧客從停車場走進店面後，買賣雙方將展開生意場上的終極對決，也就是商談或價格談判。此時，環境扮演極為關鍵的角色。那麼，該如何營造合格的環境呢？我認為應該重視「配角」。

如果店面是一個舞台，顧客與銷售員是主角，那麼任何出現在舞台上的其他相關人士，理論上都算是配角。

某位西方電影大師曾經說過：「經典電影之所以精彩，最大的功臣往往不是主角，而是表現亮眼的配角。配角大放異彩的電影更容易打動人心，在觀眾心中留下深刻的印象。」

其實，人們之所以對電影的主角印象深刻，是因為主角戲份較重、出場機會更多，容易形成記憶點。不過，許多人都忽略一個關鍵，就是這些記憶點往往需要配角來支撐。

相反地，如果配角的表現不突出，即便主角使出渾身解數，也很難讓觀眾留下深刻印象，正所謂「只有小角色，沒有小演員」。為了讓各位更瞭解配角的重要性，以下用三個案例說明。

❖情境一：配角干擾到主角

顧客在汽車展示中心的展廳與銷售員商談時，耳邊忽然傳來窸窸窣窣的聲音。定睛一看，原來不遠處有幾個銷售員正在爭論。儘管他們已經刻意壓低聲音，但在回音效果佳的展廳裡，仍能清晰聽見他們的聲音。顧客的注意力不禁被他們干擾，無法專心與眼前的銷售員洽談。

❖情境二：配角的存在感壓過主角

顧客在汽車展示中心的展廳與銷售員商談時，發現展廳角落站著一位看似高階主管的中年男性，只見他面色嚴肅，單手插在口袋裡，不時朝自己的方向張望。顧客好奇地環顧四周，發現旁邊還有其他幾組客人也正在商談。

很顯然地，這位看似高階主管的男性正在監督部屬的表現，展廳裡的銷售員意識到主管的存在，各個表現得中規中矩，但顧客反而覺得有點掃興。

❖情境三：配角成功錦上添花

顧客在汽車展示中心的展廳與銷售員商談時，無意間抬起頭，正好與路過的公司會計對到眼，那位會計朝顧客微微點頭，臉上綻放怡人的笑容，顧客也回以微笑，並點頭示意。儘管雙方都是下意識的舉動，但這個神來之筆讓顧客倍感愉快。

❖發掘配角的風險與無限可能性

各位看完這三個情境後有什麼感覺？相信應該會把前兩個情境視為反面教材，將最後一個當成正面教材。接下來，我們針對這三個情境一一討論。

在情境一，幾個正在爭論的銷售員知道不能干擾商談，所以刻意壓低聲音，不過他們忽略了展廳的隔音不好，稍有動靜都很容易傳到顧客的耳裡。因此，儘管這些銷售員並非刻意為之，仍算是觸犯行規。

其實，員工之間進行溝通是值得鼓勵的行為，但如果溝通內容與顧客本身沒有直接相關，最好換個地點。順帶一提，假如展廳裡人滿為患，熱鬧程度和菜市場無異，只要不要太誇張，幾乎可以隨心所欲地和同事交談。但若非如此，最好隨時留意周遭的環境變化，時時謹記自己身為配角的任務。

接著討論情境二，這個案例的問題出在高階主管。管理職當然有權利和義務監督部屬，讓他們保有適度緊張感，並維持最佳狀態。不過，這是公司內部的事情，與顧客毫無關係，最好不要赤裸地將整個過程攤在陽光下，否則可能會引起顧客的不適與不快。

各位不妨換位思考，如果你和銷售員商談到一半，突然發現不遠處有人一臉嚴肅地盯著自己，你會有什麼感覺？相信沒有人會覺得好受吧？

總體來說，這位主管犯了兩個錯誤，第一是行為舉止無禮，不論是直勾勾地盯著顧客的方向，還是單手插口袋的姿勢，都令人感到不舒服。第二則是公私不分，在顧客面前解決內部問題，顯然是錯誤的混搭方式。

解決問題的方法很簡單，就是別讓顧客意識到你的存在，如果真的想要掌握部屬的待客或商談情況，可以在不起眼的地方暗中觀察。只要不被發現，不用說單手插口袋，就算倒立也沒人在意。

最後談論情境三。乍看之下，這是個非常不起眼的小案例，背後卻藏有不容小覷的意義。不論偶然路過的會計是有心還是無意，那充滿善意的點頭微笑，顯然帶給顧客良好的觀感，並留下美好印象。

千萬不要小看這個動作，正因為會計與商談沒有直接關係，他的舉動更顯得格外真摯動人。假設顧客每次來店，都頻繁遇到面帶微笑的員工，留下暖心的印象，又怎麼能不對該店抱有好感？

由此可見，配角的表現不可小覷，假如你是店家的經營或管理人員，今天開始請試著把一部分的注意力放到配角身上吧。

成交筆記

不要只聚焦於第一線銷售員的主角光環，還要重視環境配角帶來的深刻影響。

完美環境的指標是，讓顧客覺得自己「高人一等」

子曰：「非禮勿視、非禮勿言、非禮勿聽、非禮勿動。」其中非禮勿動的意思是指，不做對人不禮貌或是令人反感的事，這個概念對服務業而言至關重要。

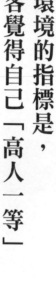

相信所有從事服務業的人都知道，在顧客面前該做什麼事、不該做什麼事，大概很少人會刻意做出不禮貌的舉動來招惹顧客。不過，許多無心之過的影響力不容小覷，有時候反而會招致更嚴重的後果。接下來，我透過「員工休息時間」，向各位舉例說明無心之過的嚴重性。

工作人員也是人，當然會感到疲勞，也需要休息或娛樂，這本來就是天經地義的事。不過，如果顧客親眼目睹員工休息的模樣，情況可能會有所不同，甚至引發顧客的不滿情緒。

假如你到某家汽車保養廠修車，坐在休息區的沙發上邊看報紙邊等待，抬頭發現不遠處的吸菸區中，站著幾個身穿制服的工作人員邊抽菸邊喝茶聊天，看起來好不愜意，你會有什麼感受？

當你轉過頭來，重新把注意力集中在眼前的報紙，另一個身穿制服的人端著一杯咖啡走來，坐在你身旁低頭看報紙，你又會有什麼感覺？當你起身想拿本雜誌，發現旁邊有幾個穿著制服的年輕人，興致勃勃地收看足球轉播，甚至跟著大聲喝彩，你的感受又是如何？

上述例子中，工作人員都在度過各自的休息時間，他們應該已經工作很長一段時間，偶爾抽空小憩一下無可厚非，而且想必這些行為也得到公司的允許。然而，這樣的光景容易引發顧客不快，**因為絕大多數的顧客不喜歡員工和自己平起平坐**。

顧客潛意識中可能會認為：「既然你們口口聲聲地說我們地位尊貴，代表我與員工之間應該有所不同。因此，至少在我的視線範圍內，不希望看到員工享受與我相同的待遇，這樣的場面相當失禮，甚至令我心情不悅。」

我舉這個例子不是有意歧視員工，而是想強調「內外有別」的道理，為了坐實顧客尊貴的地位，商家必須適當地讓步。總而言之，「抬高別人，放低自己」是一堂深奧的情商課，這既是與人相處的學問，也是服務業的常識。

成交筆記

如果顧客親眼目睹員工與自己享有相同待遇，可能會感到不滿。

談論公事或閒聊時，請時時注意「隔牆有耳」

某天上午，我與妻子開車去汽車維修廠換輪胎，由於抵達時才九點多，客人不多，整個展廳籠罩在一片寂靜中。

我在櫃台辦好手續後，回到休息區坐下小憩，服務人員沒多久就送來兩杯熱咖啡，我們兩人邊喝咖啡邊滑手機，愜意地打發等待時間。

這時，不遠處忽然傳來一陣響亮的鼓掌和口號聲，我們順著聲音來源尋找，發現是從角落的辦公室傳來。由於汽車展廳的隔音效果不好，再加上客人稀少，使得辦公室傳出來的聲音格外響亮。

很顯然地，辦公室裡正在進行例行晨會，方才的掌聲和口號正是常見的打氣環節。我也當過銷售員，對這樣的場面並不陌生，只不過本來安靜舒適的環境忽然被打亂，心中還是感到有些不快。

而且，這個惱人的晨會居然持續將近一個小時，直到其他客人陸續來店，會議還沒畫下句點。細聽之下，會議上討論的事項不外乎業績、待客、工作要點、工作上遭遇的各種問題，以及獎懲等。這些內容全都是店家自己的事，顧客沒有什麼興趣，卻被迫旁聽會議，實在有違待客之道。

當然，店家開會討論工作無可厚非，更何況是在相對封閉的環境裡，旁人無權說三道四。問題在於他們沒有留意隔牆有耳，在隔音效果差的環境裡，以如此吵鬧的方式開會，必然會帶給顧客極大困擾。

解決方法很簡單，可以選擇隔音效果較好的場所，盡量避開顧客集中的地方，畢竟家醜不可外揚。如果實在找不到更好的空間，最好盡量提高會議效率、縮短會議時間。總而言之，只要時刻替顧客設想，解決這類問題應該不是難事。

順帶一提，我在展廳被迫旁聽晨會時，經常耳聞「顧客滿意度」這個關鍵字，可見得這家店極為重視顧客滿意度指標，為了提升滿意度而絞盡腦汁。

但是，顧客滿意度並非空洞的指標，而是顧客真實的感受，以及發自內心的評判結果。而且，顧客的肯定不在於數字指標或任務完成度，而是店家能否把每個細節做到位。換句話說，滿意度不是顧客施予商家恩惠，更不代表商家必須對顧客做出指定行為，應該是雙方站在相同立場上共進退。

當然，**達成顧客滿意度需要一些制式化手段的輔佐，但是這不該成為滿意度的核心**，只有將心比心、換位思考，才能構成真正的滿意度。現在回想起來，那個晨會中反覆出現顧客滿意度的字眼，無異於強烈的諷刺。

成交筆記

顧客滿意度不是空洞的指標，而是顧客真實的感受，只有將心比心、換位思考，才能構成真正的滿意度。

如何贏得顧客信任？先從尊重隱私開始

接下來，我想分享在某家汽車展示中心發生的事。那天我坐在沙發上看報紙，耳邊傳來清晰的對話聲，抬頭一看，原來兩公尺外的一張圓桌旁，有位銷售員正在和顧客確認合約內容。

由於已經談妥最關鍵的價格環節，基本上只剩一些常規的流程，商談進行得相當順利。只見銷售員不停提問，並迅速在合約紙本上記錄顧客的個人資料，乍看之下沒有不妥之處，問題在於顧客資訊涉及隱私，不該如此大聲地說出來。但是，無論是銷售員還是顧客，似乎都對此不以為意，絲毫沒有迴避的意思，時而甚至大聲重複沒聽清楚的地方。

我坐在一旁感到相當尷尬，光天化日之下被迫偷聽別人的隱私，內心很不好受，一想到自己的隱私也可能遭到同樣待遇，心裡不免起了幾分提防之意。

❖尊重顧客隱私，等於尊重人格

一般來說，顧客的隱私對其他陌生人而言沒有意義，很少人會特別在意或關心，但是尊重顧客隱私等於尊重顧客人格，反之亦然。

如果店家能主動表現出保護顧客隱私的姿態，必然會贏得信任，畢竟禮多人不怪，應該沒有人不喜歡被尊重的感覺。更何況，如今個資洩露所造成的社會問題已氾濫成災，保護顧客隱私或加強隱私意識，也漸漸地成為商家的義務，理應受到重視。

我常在各個商家或機構看到令人詫異的現象。辦事人員隨手將一堆寫有個人資料的表格放在櫃台，好像所有人都能任意翻看，這對心術不正或心懷不軌的人來說，堪稱天賜良機。別說偷看，即便大方地拿出手機拍照，說不定都不會有人注意。

其實，解決問題的方法很簡單，記錄個人資料時，可以請顧客自行填寫，而不是工作人員一一詢問。至於顧客已填妥的表格，則必須妥善收進專用的資料夾，無論如何都不可隨意放置，這既是商家應盡的義務，也是顧客信賴的泉源，萬萬不可小覷。

成交筆記

尊重顧客隱私等於尊重顧客人格，這既是商家應盡的義務，也是累積顧客信賴的泉源，不可以等閒視之。

重點整理

- ☑ 在店面這個舞台上，不要只聚焦於第一線銷售員的主角光環，還要重視身邊配角帶來的深刻影響。
- ☑ 抬高別人、放低自己是與人相處的學問，也是服務業的常識。
- ☑ 不應一味追求顧客滿意度的數字，只有將心比心、換位思考，才能讓顧客發自內心地滿意。
- ☑ 店家主動表現出保護顧客隱私的姿態，一定可以贏得信任，畢竟沒有人不喜歡被尊重的感覺。

只要環境死角糟糕，一切努力都瞬間歸零，正所謂「一粒老鼠屎，壞了一鍋湯」。實際上，越是不起眼的地方，顯眼起來越有毀滅性。

第3章

到「廁所」巡一圈，就能決定你的業績好不好

公司有沒有賺錢？看廁所就知道！

管理學中，有個叫作「木桶理論」的經典學說，意思是決定木桶容量與結實度的關鍵，不在於木桶上最長的木板，而是最短的那一塊。這個道理也適用於服務業的環境問題，不論在其他方面做得再好、再完美，只要有個讓顧客留下不好印象的環境死角，所有努力便瞬間白費。

因此，處理好環境死角是攸關生死的大事，萬萬不能大意。那麼，可以用哪些要點和秘訣搞定它們呢？由於環境死角多到不勝枚舉，這裡先討論幾個最基本且典型的地方。

最常見也最致命的環境死角是廁所，廁所問題有多重要，說出來恐怕會令人覺得不可思議。日本經營管理大師曾說：「一家公司經營得好不好，從廁所就可以看出來。」另外，國際上還有一種說法：「廁所是判斷文明水準的基準。」廁所不過關，再厲害的企業也是三流企業、建設再進步的城市也是落後城市。

❖越是不起眼的地方，顯眼起來越有毀滅性

在日本的家庭中，最重要的場所有兩個，其中一個是玄關，另一個則是廁所。由於玄關是迎接客人的地方，因此只要看一眼玄關便知道家庭是否好客。

除此之外，日本人也高度重視廁所，不論把玄關和房屋打掃得多乾淨，只要廁所環境糟糕，一切的努力都將瞬間歸零，正所謂「一粒老鼠屎，壞了一鍋湯」。實際上，越是不起眼的地方，顯眼起來越具有毀滅性。

我曾去過北京某家德系汽車展示中心，對那裡的廁所印象相當深刻。由於店家的面積太大，我向一樓展廳的工作人員詢問廁所位置，得知位於二樓的角落，但是我來到二樓後，始終找不到方向，只好再向附近的店員打聽，總算知道廁所該怎麼走。

經過一番波折，我終於抵達目的地，那裡既沒有廁所特有的騷味，還飄散一股沁人心脾的香味，反而讓我有點不適應。當我推門進去後更是眼睛一亮，眼前的空間哪像是廁所，分明是個小畫廊！

只見廁所四周的牆壁上掛滿油畫，門邊的角落還放置幾盆薰衣草，洗手台被擦拭得乾乾淨淨，鏡子明亮得連一個水漬都沒有，地面更是光潔如鏡，幾乎可以照出人影。能把廁所打理到這種程度，這家公司的其他表現便可想而知。

在汽車展示中心閒晃時，我還遇到一位穿著講究、氣質高雅的中年男士，寒暄幾句後得知，他由於工作的原因，經常往返中國與歐洲，對於兩地的文化與環境有些心得。他對中國店家的表現一向不抱太高的期待，這家店卻讓他相當驚艷，甚至有種身處歐洲的錯覺。當然，一、兩個人的評價未必能證明什麼，但客觀事實是，該德系品牌店的綜合業績確實表現優異，而且在北京極具人氣。

有人可能會認為我舉的例子太特殊，由於那家店是德系豪華品牌，勢必採取德式管理，水準自然無話可說，再加上店家位於大都市北京，品質當然會比較高。許多店家常會用類似說辭當藉口，好像一切都是大環境下的無可奈何。的確，翻轉城市的整體素質並不容易，但改變公司的素質卻沒那麼難。

退一萬步來講，如果難以全面提升員工的能力和行為，至少可以把廁所打掃得乾淨一點、裝飾得美觀一點，這並不需要用到了不起的技能或工具，相信應該不難做到。

成交筆記

日本的經營管理大師曾說：「一家公司經營得好不好，從廁所就可以看出來。」

你有沒有勇氣，喝自家公司的馬桶水？

如果管理者的意識不改變，也很難改變員工的意識。長久下來，當然很難建立健康的企業文化。

幾年前，我曾在偏僻的鄉鎮裡管理過一家汽車展示中心，那裡的環境相當骯髒，但是我們那家店卻在當地創造一個小小的奇蹟，被冠以「花園店面」的美稱。

首先，我們購買上百盆綠色植物，將一樓展廳和二樓辦公區佈置得春色盎然，像個天然的植物園。接著，請專業的畫家幫忙繪製數百幅油畫和水彩畫，掛滿店面的牆壁，讓整家店洋溢濃濃的藝術氛圍。

最後，這家店最與眾不同的地方，就是請了四位清潔人員（一般都是兩位，甚至只有一位）。這四位清潔人員皆來自偏鄉，我在她們工作的第一天，就提出「零腳印」的要求，整個店面不可以留下半個腳印，否則就算失職。

汽車展示中心一般都位於郊區，或是快速道路和高速公路附近，經常有大型運輸車經過，揚塵現象非常嚴重。在這種情況下，從外面走進來的顧客必然會留下一串清晰腳印，更何況汽車展示中心的地板都使用高級瓷磚，既容易擦乾淨，也容易弄髒，而且擦亮特別漂亮，弄髒也格外難看。

清潔人員為了達到零腳印的要求，必須隨時待命，並且不停擦拭地板，工作難度可想而知。不過，這道關卡不難，我用「高薪」二字便順利攻破。但是，接下來的廁所難關卻讓我費盡一番周折。

❖制定古怪的審核標準，打造「完美」廁所

為了徹底搞定廁所問題，我開創行業先例，專門安排兩位清潔人員負責清掃廁所。一樓和二樓各一位，他們不用做其他工作，一天八小時只要把廁所打掃乾淨、維

護整潔即可。

剛開始，這兩位清潔人員很興奮，以為自己撿到便宜，沒想到我詳細解釋之後，她們卻皺起眉頭，馬上想拒絕這份差事。因為我提出一個很古怪的審核標準：**必須乾淨到連馬桶水都可以喝**。

其實這個標準並不是什麼新鮮事，也不是我本人的創意，無論是松下幸之助還是稻盛和夫，都有許多和廁所環境相關的軼事。不過，我眼前的幾位清潔人員，顯然無法理解我的用意。

無奈之下，我只好親自示範，先將廁所的馬桶清掃得潔白如玉、光亮照人，接著拿出一個紙杯，從馬桶裡舀起半杯水，直接一口灌下。

我喝完後抹抹嘴，對兩位清潔人員說：「我們這裡的自來水不適合生飲，所以不要求你們做到這步。每次檢查時我會自己喝，你們兩位在一旁看著即可。不過，如果我喝到自來水以外的異味，就別怪我不客氣了！」

實際上，兩位清潔人員很快地進入狀態，我喝馬桶水的次數不多。而且，搞定廁所問題後，對接下來的管理工作也有幫助。

員工從這些小細節看出主管或上層的意圖，並瞭解他們的決心後，會更明白企業文化的發展方向，進而調整自己的身心狀態，盡量配合公司的決心和方向，使管理工作變得相對輕鬆。

最常見的例子是，每當大型知名企業端出一個高標準的管理制度，員工極少會有怨言，因為他們認為自己進入一家「與眾不同」的公司，自然會發生一些「不一樣」的事，這些不一樣都是理所當然，沒有必要大驚小怪。這就是環境的力量。

❖整潔不是優劣問題，而是生死問題

為了讓各位更快速地理解，接下來我要介紹一個我經常提到的經典例子。某個巷口有兩家小吃店，他們賣的食物種類一樣、品質與價格相同，而且店內設施、店員態度和能力也如出一轍，幾乎各方面條件都相同。唯一不同的是，其中一家較乾淨，另一家較髒，請問這兩家小店經過一番競爭後，最後會得到什麼結果？

大多數人聽完問題後，都會不假思索地回答：比較乾淨的店會在競爭中佔據優勢。但是，我的回答則是：比較髒的店一定會倒。

換句話說，在其他條件相同、只有乾淨程度不同的情況下，商家面臨的是「生死問題」，而不只是「優劣問題」。

很顯然地，廁所是所有環境因素中的最大公因數，也是一切的基礎。因此，把重點放在廁所環境上，絕對是管理的捷徑。

成交筆記

環境問題不是簡單的優劣問題，而是嚴重的生死問題。

顧臉就不用管屁股？切勿輕忽「售後服務」的重要性

接下來，我要介紹另一個也很常見的環境死角，那就是售後維修廠。

兩個月前，我受邀參加歐洲名車的新車發表會，由於是世界頂級的品牌，發佈會的陣仗很大，無論是店內、店外的裝潢擺設，還是店員的穿著打扮，都顯得雍容華貴、極盡奢侈。

剛好當天我的車子發生一點小問題，於是在發佈會快結束時，偷偷從展廳溜出去，把車子開到售後維修區，順便請那裡的員工幫忙修理一下。沒想到，這家店的售後維修區竟然破爛不堪、骯髒無比！

先不說門口堆滿建築垃圾和各種破銅爛鐵，放眼望去是一片髒兮兮的地面，以及佈滿灰塵和油污的機器，我甚至在牆壁上看到無數油漬形成的腳印與掌印。環境如此髒亂，不難想像員工在工作時是什麼樣子。

相較於展廳裡光鮮亮麗的工作人員，這裡的員工簡直就像礦工，全身上下都髒兮兮，頭髮、臉、衣服、手套和鞋子上全是油污。不僅如此，員工走路的姿態也懶洋洋、無精打采。說好聽一點是技藝熟練帶來的自在從容，說難聽一點是失去激情後的行屍走肉。說實話，如果我買下這款歐洲名車，絕不會把如此昂貴的車子交給這裡的員工保養維修。

看到這樣的景象令我相當感嘆，不禁想起過去在日本看到的售後維修區。那裡的環境一塵不染，絲毫不亞於汽車展示中心的展廳，而且員工制服嶄新而筆挺，給人一種清潔且可靠的感覺。當然，他們的精神面貌也不在話下，待人接物絕對不亞於展廳的銷售員。

在回家的路上，我心裡不禁一陣感慨，為什麼這家店的老闆對發表會花錢毫不手軟，卻捨不得在關鍵的售後維修環節上多撥一點經費，多下點功夫。

所謂「顧臉不顧屁股」就是這家店的真實寫照，就像打掃時把所有垃圾掃到床底下，表面上看起來整潔乾淨，但時間一長，便發現整間屋子充滿臭味。這就是我在這家店的經歷和感覺。

售後維修區和廁所一樣，都是商家的重要區域，也是常被忽略的環境死角，容易成為白紙上的汙點，久而久之必會影響商家的經營業績。

成交筆記

門面光鮮亮麗，售後維修區卻骯髒無比，顧客會因為兩者的反差，產生更糟糕的印象。

只要在ＰＯＰ上加點巧思，就能讓顧客永生難忘

講完如何搞定環境死角之後，接下來介紹如何利用小巧思點綴環境，使顧客眼睛一亮。我認為成本低、效果好的ＰＯＰ，正是最加分的道具。

ＰＯＰ是 Point of Purchase Advertising 的縮寫，簡單來說就是陳列在店面中的小廣告，包括吊牌、海報、小貼紙、展示架、招牌、實體模型、旗幟等等。換句話說，只要是有助於銷售的任何大小物件，理論上都可以稱作ＰＯＰ。

很顯然地，ＰＯＰ是店內環境中的重要角色，可說是無所不在。因此，商家千萬不可忽視ＰＯＰ的重要性。活用ＰＯＰ需要用到兩個關鍵字，一個是「個性化」，另一個是「人性化」，以下舉三個案例說明。

❖案例一：將POP放置於常規外的地方

數年前，我參觀日本某家汽車展示中心時，他們的ＰＯＰ令我至今仍印象深刻。當我坐進展車的駕駛席，一個神奇的物件映入眼簾，定睛一看，原來儀表盤上鑲嵌一個手工製作的立體ＰＯＰ展示牌，顯得格外醒目。

一般來說，介紹展車的ＰＯＰ廣告相當常見，不過通常都擺放在汽車旁邊或是車頂，很少放置於車子內部。

我不禁仔細閱讀起展示牌上的內容，上頭的文字大意是：「恭喜您看到這張牌子！上頭的內容是關於展車裡的幾個小秘密，解密如下……」

現在回想起來，這個秘密無非是內部空間多麼舒適、設備多麼先進等內容，一般都會一一標注在展車外的看板上，但通常很難吸引顧客的注意。不過，把這些廣告轉移到汽車內部後，顧客會感受到尋寶般的體驗，並在新奇感中瞭解車子的資訊，進而產生好奇心與興趣，也更容易印象深刻。

❖案例二：製作精緻的POP，吸引買氣

這個案例同樣發生在日本。有天我到某家小商店買零食，在貨架上發現義大利香醋的POP。不可思議的是，這個小商店的貨架上，居然擺放二十多種義大利香醋，而且每種商品的下方皆擺放兩至三個店家自製的POP宣傳牌，上頭記載產地、產品特徵、如何搭配食材等資訊。關鍵在於，這些資訊並不冗長，而是短小精悍、幽默活潑，令人過目難忘。

那些POP本身就像精美的藝術品，令人愛不釋手，讓我差點想自掏腰包把它們買回家。店家把工作做到這個程度，可見下了不少功夫，吸引買氣也不是難事。

❖案例三：千篇一律的POP，無法打動顧客

許多人應該都見過店家在牆壁上，掛滿表揚優秀員工的POP，上面有員工的照片、姓名、所屬部門、職務、任職時間、表彰緣由，以及員工本人的決心或感謝話語

等資訊。

這種POP既能激勵員工，也能向顧客展示企業文化、員工素質和實力，算是一種間接的行銷手段，如果能巧妙活用，便可得到一石多鳥的效果。不過，會被這種POP吸引的顧客並不多，甚至連公司員工也對這種方式見多不怪，內部激勵的效果可說是微乎其微。

為什麼會這樣？原因只有三個字：不用心。如今，許多企業在製作表揚員工的POP時，嚴重忽略用心的重要性。我發現許多表彰員工的POP，幾乎都是千篇一律，完全沒有個性化設計的元素，根本無法傳遞員工真正的心聲。這樣的POP實屬勞民傷財，久而久之自然沒人會注意。

很顯然地，個性化與人性化是POP不可或缺的元素，一定要充分重視。如果能在POP中加入生動活潑、打動人心的個性化元素，會有非常突出的效果。舉例來說，請每位受表彰的員工言簡意賅地用自己的話，表達真情實意，更能發揮吸睛效果，並讓顧客印象深刻。

總而言之，小小的POP蘊含巨大能量，如果徹底掌握這種能量的運用方法，店面環境必然令人耳目一新，重新煥發出勃勃生機。

服務業的競爭激烈，你有的其他店家也有，你會的其他公司也會，大家都是處在同個環境，站在同個起跑線。但為什麼人氣店與冷清店的境遇如此不同？兩者的差距在於累積細節。只要時時注意旁人不屑一顧的細節，並把它們發揮到極致，你就會是最後的贏家。

成交筆記

活用ＰＯＰ，需要將個性化與人性化發揮得淋漓盡致。

重點整理

- ☑ 只要環境死角使人感到不舒服，不論其他方面有多麼傑出的表現，一切的努力都瞬間白費。
- ☑ 廁所是所有環境因素中的基礎，而且是管理的捷徑。
- ☑ 售後維修區是店家的重要組成部分，也是常忽略的地方，容易產生致命打擊，久而久之影響企業的經營業績。
- ☑ 將ＰＯＰ放在特殊的位置，並在製作上下功夫，追求個性化與人性化，便能吸引顧客的目光。

儀容和儀表除了會赤裸反映公司員工的精神風貌，還能讓人們窺一斑而知全豹，真切地看到該公司的整體風貌。

第4章

顏值即正義的時代，用「外貌」贏在起跑點

90%的成交不靠口才或努力，而是「看臉」！

常言道：「人不可貌相。」但是在現今「顏值即正義」的時代，相貌的影響非常巨大，甚至是關乎整個職場人生的問題。我曾看過網路文章這麼寫：「成功就是一分天賦、兩分運氣加上七分努力，剩下的九十分都是看臉。」這固然只是玩笑話，卻深刻反映出社會現實。

當然，每個人的相貌都是天生，各有各的特點，不可能每個人都英俊瀟灑、如花似玉。不過俗話說得好：「三分長相，七分打扮」、「沒有醜人，只有懶人」。如果有心想提高顏值，每個人的外貌都有極大成長空間。

❖為什麼銷售員的外表會影響業績？

狹義來說，銷售員注重外貌是一種禮貌，可以充分顯示出對顧客和同事的尊重。廣義來說，這麼做能提升部門及公司的整體形象，無形中成為該部門或公司強而有力的宣傳廣告。

從顧客的角度來看也是如此，見到賣方用心打扮，便會產生受到尊重的感覺，令人倍感舒適。而且，亮麗的外表讓顧客看了賞心悅目，有助於留下優良的第一印象。在這樣的環境中，不論是談業務還是交易買賣，將能大幅升級商品和服務的價值，讓人產生物有所值，甚至是物超所值的感受。當然，在此之前必須先讓顧客產生安全感和信賴感。

相反地，如果賣方的外表看起來靠不住，顧客很難對眼前的人產生好印象，更遑論該員工背後的公司。若是如此，便難以促成生意。

換句話說，當顧客因為員工的外貌而對公司留下絕佳印象，順利成交的機率將大幅提升。如果還能更進一步，讓顧客驚豔於員工的外表，結果就更不用說了。

人們注重外表是無可否認的現實，日常生活中也常見類似的案例。有時候，僅靠這個條件，就可以決定競爭的成敗，甚至是一家公司的生死。

成交筆記

商家的用心打扮有助於大幅提升商品和服務的價值，讓人產生物超所值的感受。

穿對制服讓你氣場爆棚，亂穿制服讓你失分無窮

還記得多年前，我在某個鄉鎮的汽車展示中心擔任管理職。當時的老闆曾經留學美國，無論是對自己還是對員工的外表，可說是達到吹毛求疵的程度。他對公司員工的儀容、儀表有諸多嚴格的要求，幾乎比照空服員的標準，在某些方面，甚至更為嚴厲和苛刻。

那位老闆有許多擔任空服員的朋友，經常會把他們請到店裡來，訓練員工的儀表，傳說中「露八顆牙齒」的微笑訓練可說是家常便飯。直到現在，除了那家店之外，我從來沒聽過哪家汽車展示中心也有類似的訓練。

此外，公司的員工制服是一等一的高級訂製品，無論是布料還是車工，都力求完

美，精細程度不亞於名牌精品。

一般來說，店家為了控制成本，訂製制服時往往採取敷衍了事的態度，能便宜就便宜、能簡單則簡單。不過，那家店裡男員工的制服成本便要上千元，女員工則是動輒數千元，可說是下了血本。

值得一提的還有女員工的絲巾，那是老闆拜託空服員朋友幫忙，直接向航空公司的供應商訂購。這批高檔絲巾的質地、手感、款式和做工全都無可挑剔，讓女員工愛不釋手，甚至自掏腰包搶著囤貨。

另外，公司對員工從頭到腳都有嚴格規定。首先是髮型，男員工必須統一髮型並抹上髮膠，以確保頭髮一絲不亂，女員工則必須梳空姐的髮髻。再來，鞋子要統一黑色鞋款，男員工穿著皮鞋，女員工則是高跟鞋，而且每天必須擦鞋超過三次，其他還有女員工的絲巾和絲襪等諸多規定。

這些細節規範堪稱瑣碎，而且公司執行起來相當嚴格，任何一點不符合規定，都可能引來極重的處罰。

❖用氣勢滿分的制服為自信加分，在車展上搶盡風頭

沒過多久，那家店就充分展現出「顏值高」和「氣場強」的優勢。店家所在的城市每年有兩三次汽車銷售會，幾乎所有品牌的大小分店都會集體出動，各自使出渾身解數，極力宣傳自家商品及公司。

銷售會上可以看到一個常見現象，那就是相同品牌、不同店家之間會發生內訌，自家人互搶風頭和生意。於是，我們便利用這個機會，向競爭對手展現強烈的存在感。當時，那座城市同品牌的競爭店只有一家，對方是老店、我們是新店。巧合的是，在開店後的第一次銷售會上，兩家店的展台剛好比鄰而居。

車展第一天，我們挑選幾個漂亮、帥氣的年輕員工，讓他們穿上最高檔、最有氣勢的制服在展台上亮相，瞬間搶盡全場風頭，而且顯得格外耀眼，甚至可說是鶴立雞群。

很快地，我們的展台前圍上一大群顧客，變得門庭若市，而且這種熱鬧場面一直持續到車展結束。相比之下，競爭對手的展台顯得有些淒涼，甚至可說是相當淒慘。

競爭對手在外貌上不如我們就算了，氣質和氣場方面也是完敗，寒酸的制服和打扮本來已經失分，員工又站沒站樣、坐沒坐樣，身姿儀態方面也令人直搖頭。而且，當兩家店的展台相鄰在一起，這個對比顯得更加鮮明。整個車展期間，對方的員工都提不起精神，即便偶有顧客光顧，他們強裝的熱情反倒令人倍感壓力。顧客不是傻子，很容易感受到這種勉強的情緒。

事後證明，我們那家店在車展上培養出的優越感，持續非常長一段時間，這種優越感變為員工心中的強大支柱，最終演化成企業的核心競爭力。總而言之，這次令人驚豔的亮相，為公司後來的發展奠定堅實基礎。

人氣伴隨財氣，不到半年，我們就將那家競爭店推向絕路。他們在三年內換了三任老闆，但是無論哪些人接手，始終沒能走出困境。

最令人不解的是，那家店的老闆看到自家員工的儀容和儀表，與競爭對手有如此巨大的落差，卻沒有試著採取任何措施扭轉局面，頑固不化的程度實在令人稱奇。

不論那位老闆冥頑不靈的原因是什麼，從銷售員的表現，以及之後的不作為來看，正因為其經營理念和管理水準落後，才會如此不堪一擊。而且，一旦被打趴，似乎就再也爬不起來。

順帶一提，許多抱殘守缺、堅持過時理念的老闆和公司高層常說：「如果公司沒有這些落後的理念，能撐到今天嗎？我們還活著就代表這些落後的東西還有用、不能扔，存在就是合理嘛！」

「存在就是合理」是許多管理者愛用的口頭禪，但是這個口頭禪真的符合邏輯嗎？至少我個人持否定態度。理由很簡單，存在即合理並非必然，它受環境影響極大，既能因某種環境而生，也會因某種環境而死。

成交筆記

注重員工制服的細節與姿勢儀容，有助於營造出充滿朝氣又氣場強大的氛圍。

還在當溫水裡的青蛙？不改變就等著被市場淘汰

從管理的角度來看，為什麼許多落後的理念可以長時間存在？原因很簡單，只要正好趕上市場迅速發展的好時機，幾乎所有人都可以相對輕鬆地賺錢。因此，再老土的招也會靈，再落後的理念也管用，導致商品的外觀、效能以及行銷手段，都逐漸趨於統一，而且這種現象廣泛存在於各行各業。

❖發生鯰魚效應，不改變就會被淘汰

然而，許多人常忽略經濟學中的一個重要概念，「鯰魚效應」（Catfish

Effect）。這個概念很簡單，就是將一條鯰魚扔到充滿小魚的池子中，使池中的小魚在環境驟變中重生或是滅亡。

當環境改變且發生鯰魚效應，如果還是頑固地堅持陳舊想法，而不是積極讓自己適應新環境，基本上只剩滅亡這條路可以走。

換句話說，如果競技場中的玩家水準大同小異，遊戲本身還可以繼續下去，但若是來了一位秒殺全場的絕頂高手，這個遊戲是否還玩得下去，就得看在場玩家的反應和造化。

前一節提到的競爭店，無論換過幾任老闆，始終沒能對我們這條「鯰魚」做出正確反應。我曾經以顧客的身份偷偷上門拜訪該店，所見所聞令我感慨不已。

先不說別的，單純從儀容和儀表方面來討論，那家店的員工真是邋遢到極點。時值夏日，店裡的制服是短袖白襯衫和深藍色西裝褲，這個搭配本應充分體現職場人士的颯爽幹練，卻被這家店的員工給活活糟蹋。

當時我看到的景象可說是變化萬千，男員工的表現尤其令人咋舌，完全看不出制服存在的必要。有人繫領帶、有人不繫領帶、有人穿皮鞋、有人穿球鞋，還有人的白襯衫沾滿汗漬與污漬。更誇張的是，我甚至看到有員工直接穿便服上班。

很顯然地，在這些員工的心裡，制服只有最基本的遮蔽身體功能，至於美觀、氣質、風度等事情統統與自己無關。這樣的工作態度和職業素養，實在令人嘆為觀止，那一聲聲「顧客是上帝」的口號，簡直就是自打嘴巴。

❖從儀容和儀表，看出公司全貌

儀容和儀表除了能赤裸反映公司員工的精神和態度，還能讓人們窺一斑而知全豹，真切地看到公司的整體風貌。拿那家競爭店來說，站在舞台上表演的「演員」（銷售員）尚且如此，「舞台」（店內環境）便可想而知。

一走進展廳，映入眼簾的是骯髒不堪、滿是腳印和刮痕的地板，有的地方甚至已經龜裂、殘缺，看得出來長期缺乏打理與保養。

此外，廁所的衛生情況也令人怵目驚心，不只臭氣熏天、髒水橫流，我甚至看到顧客掩著鼻子、踮著腳尖進出廁所。抬頭一看，洗手台的鏡子上有一道長長的裂縫，裂縫上居然貼著一條白色膠布，遠看就像醒目的疤痕，說有多難看就有多難看。至於洗手台上的肥皂，則是給人一種用了手會更髒的感覺。

看來，不論換過幾任老闆，這家店的管理理念與水準完全沒有任何進步，依然停留在石器時代。然而，管理上的問題必須從高層開刀，否則無法從根本解決問題。

成交筆記

如果管理者的觀念不改變、繼續抱殘守缺，可能會因為無法適應環境，而被時代淘汰。

賣家可以用外貌定生死，對顧客以貌取人絕對死

既然「貌相」在生意場上如此重要，這個法則是不是也適用於顧客呢？答案是否定的。一言以蔽之，**看員工一定要以貌取人，看顧客則要避免以貌取人**，甚至盡量「反向地以貌取人」。這是生意場上的鐵則，務必要牢記。

什麼叫作反向地以貌取人？簡單來說就是反著看顧客的外表，越是穿著光鮮亮麗的人，越可能是打腫臉充胖子的顧客，甚至可能是窮光蛋。相反地，越是外表樸素甚至邋遢的人，反而越可能是大主顧或商家的財神爺。用固有的刻板印象給顧客貼標籤，是非常危險的行為，潛在損失不可估量，這點需要特別注意。

我曾當過幾個月的第一線銷售員，但當時缺乏實戰經驗，而且有以貌取人的毛

病，總是抓不住顧客，即便好不容易抓住一個顧客，也無法搞定最後的臨門一腳，業績可說是一敗塗地。

某天，店裡來了一個老年人，他騎著破爛老舊的自行車前來，騎的車如此，打扮便可想而知。這個老年人穿著一九六〇年代風格的衣服，頭上還戴著一頂草帽，就像剛從田地裡回來的老農民。

老年人走進店裡之後，銷售員都盡量閃躲，沒人願意上前接待，包括我在內。直到老年人繞著展廳的展車好幾圈後，才有個也出身鄉鎮的同事迎上前去招呼，和他開心地攀談起來。

兩個人聊得非常投機，而且老年人居然相當懂車，滔滔不絕地說著和汽車相關的事情。剛開始是同事向他介紹車子，聊著聊著反而變成他向同事講解車子的知識。這場奇怪的對話持續將近一個多小時，同事送老年人離開之後，還忍不住嘖嘖稱奇，直呼大開眼界。

之後，老年人又來了好幾次，每次都騎相同的自行車、身穿一身舊衣。約莫一個月後，他便來買車，而且看中店裡最高級的旗艦車，要價將近一百五十萬元！

這筆買賣的成交速度相當快，從第一次看車到成交提車，只花了一個月的時間。老年人第一次來店的時候，如果我們當中哪個銷售員肯搶先邁出一步，業績就歸他了，但是大多人無法做到。

後來我們才知道，老年人其實是退休的高階軍官，一輩子習慣樸實的生活，所以外表看起來有些不拘小節。由於曾在軍隊的運輸部門服役，年輕時便愛上開車，因此決定在退休後買輛車子犒賞自己。

老年人前來提車時，依然騎著破爛的自行車，唯一不同的是，前籃放了一個大塑膠袋，裡面裝滿現金，這樣的提車方式也算是極具個性。

我之後又碰到許多類似案例，終於扭轉自己以貌取人的壞習慣。直到今日，我到企業上課時，仍會向台下的學員講述這個故事，以及隱藏在背後的商業邏輯。

❖化妝品的目標顧客，都是濃妝豔抹的人嗎？

不過，可能有人會反駁，不同行業的顧客構成不一樣，對某些行業來說，勢必要

「以貌取顧客」，否則做不成生意。舉例來說，化妝品行業就極需看顧客的外貌。照理來說，比起那些素顏、穿著樸素的顧客，打扮時尚、濃妝豔抹的客人，更容易掏錢購買化妝品吧！

我的答案依舊是否定的。我認識幾位在商場裡賣化妝品的銷售員，根據她們的說法，無論是職前培訓，還是就職後的現場指導，總公司的人總會一而再、再而三地叮嚀：賣化妝品的秘訣就是貌相。一定要根據顧客的穿著打扮，向顧客推薦最適合他們的產品。

化妝品公司認為，透過穿著打扮，可以看出每個人的經濟基礎和品位，而這正是銷售化妝品相當重要的因素，所以只有以貌取人才是銷售化妝品的王道方式。除此之外，任何方法都不管用。

乍聽之下，這套理論很有道理，但是那幾位化妝品銷售員卻無法完全認同。在一般人的認知中，會光顧化妝品櫃台的人，即便談不上光彩照人，起碼也是妝容精緻的狀態吧？一問之下，還真不是。

據這幾位店員所言，那些打扮得體的顧客頂多買中檔貨，即便購買高價品，也表現得錙銖必較，而且還會在價格及贈品這些條件上囉唆不已。相反地，那些打扮樸素的阿姨，一來就豪擲千金，一打一打地買，而且買得乾脆俐落。

我想表達的還是那句話，應對客戶最好的方式就是徹底放棄以貌取人，對他們一視同仁，這才是真正保險的做法，以確保不會流失任何一個潛在顧客。

成交筆記

越是穿著光鮮亮麗的人，越可能是打腫臉充胖子的顧客，外表樸素甚至邋遢的人，反而可能是商家的財神爺。

你的名片常淪為顧客的便條紙嗎？因為……

顧客進店後，工作人員在第一時間要做什麼？大多人通常會熱情地問候，然後遞上自己的名片，這是商場中的常識，也是服務業的基本功之一。大家都懂這個道理，但有幾個人能真正掌握其中的商業邏輯和方法呢？接下來，我從「名片」與「問候」這兩個關鍵字切入，一起探究箇中玄機。

先談論與名片有關的話題。各位造訪店家時，往往會得到幾張名片，但我們一般不會珍惜，而且這些名片十之八九會在幾天內行蹤不明，莫名其妙地消失，或者被扔進垃圾桶。

為什麼會這樣？難道是因為我們不在意這些名片嗎？好像也不是如此。其實，很多人會在一段時間後，突然翻箱倒櫃地尋找這些名片，卻怎麼也找不到，只好倍感失望地上網搜尋店家的電話號碼，從零開始重新聯繫。

為什麼找不到名片會有失落感呢？因為擁有名片代表自己的地位特殊，能夠證明曾經親自去過那裡，證實老客戶身份。而且，這種身份可以有效拉近與店家或某位員工的距離，帶給顧客優越感。

然而，從零開始重新聯繫，會讓人有一種得而復失、浪費資源的感覺，因此會令人感到失望。既然如此，為什麼當初毫不珍惜名片，甚至棄之如敝屣呢？我認為可能有以下兩個原因：

1. 缺乏使用的緊迫性

顧客拿到名片後，不知道下次什麼時候會再用到，而沒有立即使用的緊迫感，因此不會過於重視。

2. 拿到名片時沒有特別的感受

由於顧客拿到名片的過程太過隨意，導致下意識地忽略名片的重要性。

❖顧客對待名片的態度，取決於商家的作為

很顯然地，第一個原因出在顧客身上，店家也愛莫能助，但是第二個原因則是商家需要深刻反省的問題。

毫無疑問地，名片對商家來說非常重要，它不僅具有廣告的作用，還是連接店家與顧客的紐帶。對商家而言，當顧客需要的時候，便會透過名片找上門，而不是聯繫其他沒留下名片的商家。對顧客來說，名片代表與商家保持某種親密關係，能讓他們產生心理上的親切感，並將其視為可贏得優惠的重要資源。

簡單來說，不只有商家想和顧客培養感情，顧客也想和商家套交情，這種雙向的心理活動才是商業邏輯。而且，名片作為商業禮儀的一部分，無法被其他現代化的科技手段取代。但是，某些商家在銷售現場的所作所為，實在令人直搖頭。

猶記得數年前，每當店裡有客人來訪，工作人員總會在第一時間誠懇地遞上名片，但近幾年來，越來越多人在顧客臨走前才遞上名片，甚至完全不遞名片，或是沒有準備名片。

此外，許多人遞名片的態度和姿態也令人困惑。有些人隨手從辦公桌抽屜裡或是口袋中，掏出一張皺巴巴的名片，表面還沾著不明的污漬。

不僅如此，遞名片的動作也大有問題，如今極少見到有人恭敬地雙手奉上名片，大多人都是單手地隨意遞上。遞名片的人如此沒有誠意，怎麼指望收名片的人用心保存？用這種方式給顧客名片，其實就跟直接扔掉沒什麼區別，因為顧客對名片的態度，完全取決於店家的所作所為。

除了親手遞上名片之外，許多人會先把名片釘在商品的宣傳品上，再交給顧客，預防顧客無意遺失或有意丟棄。儘管這種做法沒什麼不妥，但是省略親手遞名片的環節，也需要打上一個大大的問號。

還記得數年前，名片文化相當興盛，遞名片的動作頗有幾分時髦色彩，令人非常有面子。但是，近年來人們對名片見多不怪，再加上各種現代化的聯絡方式越來越普及，名片文化逐漸變成「雞肋」般的存在，處於一種「食之無味，棄之可惜」的尷尬狀態。

名片的地位淪落至此，不難理解為何顧客對它的態度如此隨意。不過，這種現象對商家來說其實是個陷阱，必須抱持戒慎恐懼之心，才能看透它的本質。

成交筆記

如果遞名片的人不用心，怎麼指望收名片的人用心保存？用隨便的態度遞名片給顧客，其實就跟直接扔掉一樣。

如何讓對方珍惜名片？請在上面附加「個人價值」

正如前一節所述，如今名片的意義看似只剩下商業禮儀，確實令人感到有點無所適從。不過，深入思考後會發現情況未必如此。商業的命門說穿了就是一個「誠」字，有誠則一切成立，無誠則一切免談。無論社會發展到什麼程度，這條基本鐵則都不會發生任何變化。

如果從這個角度來思考，名片比現代的通訊手段更能傳遞誠意，讓人留下更深刻、鮮明的印象。類似的例子還有很多，例如：手寫信件比電子郵件更有誠意、親自見面的效果比通電話好等。

❖面對商業夥伴講效率，面對顧客重心意

由此可見，現代科技的優勢是高效率，劣勢則是不利於傳達心意。對商家來說，在面對商業合作夥伴（例如供應商）時，可以盡量講求效率。但在面對顧客時，則要多把注意力放在心意上，哪怕降低效率也在所不惜。因為只要心意到了，顧客便會用行動和錢包，替你把失去的效率補回來。

當然，這不代表商場上只能用名片，不可以留通訊軟體的帳號。實際上，這兩種手段各有各的好處，可以並行不悖，沒必要二選一。

舉例來說，你可以在名片印上通訊軟體的資訊，至於顧客願不願意與你聯繫，則要看他們的選擇。一般來說，如果顧客重視名片，自然會提高主動聯繫的機率，但顧客若連名片都不在意，又如何要求他們加入通訊軟體的好友呢？

總而言之，商業的秘訣在於銷售自己，而銷售自己的秘訣在於給對方好心情和好印象，成功將「自己」這件商品推銷出去。這麼一來，顧客不但會欣然收下名片，還會好好珍惜，因為這張名片不再只是一張薄薄的紙，而是代表你這個人。

我說這麼多只想強調：你有多重視顧客，顧客就會多重視你。人與人之間的關係從來都不存在單行道，而這個「互通有無」的商業大道理，正藏在一張小小的名片背後，絕不可以等閒視之。

成交筆記

成交的秘訣在於銷售自己，而銷售自己的秘訣在於帶給對方好心情和好印象，成功將「自己」這件商品推銷出去。

名片上加入這些巧思，讓顧客十年後還捨不得丟！

知道名片的重要性，以及背後潛藏的商業邏輯之後，該如何正確地遞出名片呢？接下來，我透過多年的親自實踐與商場觀察，向各位介紹比較有誠意與效果的遞名片流程。

首先，名片必須放在西裝上衣的口袋裡，這是最起碼的禮儀。其次，遞名片之前，必須面向顧客微微一鞠躬，然後用雙手各執名片的一端，恭恭敬敬地奉上。最後，一定要向顧客簡短複述名片上的關鍵資訊，告知對方自己的姓名、職務及職責，並請對方多多關照。

俗話說：「魔鬼藏在細節裡」，只要能一絲不苟地執行正確的遞名片流程，應該可以得到不錯的效果。當然，上述流程只是基本功，還可以根據個性、業種特色等條件，在名片上加入一點小巧思。

還記得我某次到日本出差，回旅館的路上剛好經過一家汽車展示中心，於是順便進去逛逛。迎上前來的是一位年輕員工，個子不高、相貌平平，接待我的過程中，可以明顯感受到她的緊張情緒，說起話來甚至有些口吃。而且，介紹產品時也沒令我留下什麼特殊印象，看得出來是位新人。不過，她認真努力、竭盡全力的態度，倒是讓我感到動容。

照理來說，這樣的經歷實在是太過平凡，我應該很快就會遺忘。但是，如今數年過去，這位員工及這段經歷，仍深深烙印在我的腦海裡，久久不能忘懷。

原因在於她的名片。那位員工的名片上，貼著一枚薄薄的乾燥花標本，粉紅色的乾燥花非常精緻典雅，與雪白的名片相得益彰，簡直稱得上是藝術精品。

我好奇詢問後才知道，名片是由那位員工的母親親手製作，為了替剛進入職場的女兒加油打氣，而且最令人驚訝的是，製作數量高達數百張！**我得到這張名片，並聽完故事後，眼前這位相貌平平的員工瞬間發出光彩，不再只是普通的新進員工。**

可想而知，我會如何對待這張名片。是的，直到今日，它都完好無缺地保存在我的名片簿裡，而且如果沒有意外，我還會一直保存下去。

就在我即將離開那家店時，店長也出來向我打招呼。店長是個四十歲左右的中年男性，熱情地跟我寒暄過後，恭恭敬敬地遞上自己的名片，我看見店長在名片的職稱處寫上「職業銷售員」，這行小小的字讓我相當感動。

儘管店長身居高位，卻依然以基層員工自居，把自己視為第一線銷售員，由此可看出這家公司的企業文化，走的是全員銷售路線，相信在店長以身作則之下，這種文化已滲透到公司的每個角落，在每位員工身上留下深深烙印。

另外，職業銷售員的「職業」二字，在日語中相當於專業的意思。因此，店長以此職銜自稱，顯示他對自己的專業感到相當自信。這既是氣魄，也是擔當，更是對顧客負責任的表現。所以，店長的名片也一直被我保存到今日。

離開那家店之後，我和一位長期駐日的同事聊天，並向他提到這件事，沒想到他對此深有感觸，並告訴我另外一個故事。

那位同事的妻子很常光顧某家日系時裝店，每次店員都會遞給他們一家三口一人一張名片，包括他三歲半的兒子。唯一不同的地方在於，給小孩的名片有些特殊，上面印有卡通人物的圖案，讓小孩愛不釋手。有時小孩為了得到這家店的名片，還會央求著要再去逛那家店。

話說回來，我每隔一段時間都會整理名片簿，尤其近幾年通訊軟體盛行，名片簿變得越來越薄。但是有一些名片，我無論如何都捨不得丟掉，究其原因，恐怕與名片主人的匠心獨具有關。

我認為只要夠用心，對顧客的心意就一定會有個好歸宿，而且展現誠意本來就是做生意最起碼的素質之一。

成交筆記

只要在名片上夠用心，這份心意就一定會好好地傳達給顧客。

重點整理

- ☑ 當顧客透過員工外貌對公司留下好印象，成交機率將大幅提升。
- ☑ 「存在即合理」並非必然，它受到環境的影響極大，既能因某種環境而生，也會因某種環境而死。
- ☑ 不對顧客以貌取人是服務業鐵則，甚至應該反向地以貌取人。
- ☑ 顧客不重視名片可能有兩個原因，一是缺乏馬上使用的急迫性，二是銷售員遞名片時態度出問題。
- ☑ 現代科技的優勢是高效率，劣勢則是不利傳達心意。因此，面對顧客時，要多重視心意，哪怕降低效率也在所不惜。
- ☑ 在名片設計上加入客製化元素或真誠心意，這份用心一定不會白費。

當陌生人來到陌生地方，空氣中會彌漫幾分不安、僵硬，甚至是敵意，這時一張熱情的笑臉、一句親切怡人的問候，能讓所有的警惕和敵意煙消雲散。

第5章

「問候」與「展品」，決定客戶是否有感

為何你的笑容讓人無感？問題出在「眼睛」露餡

討論完名片之後，我們來聊聊「問候」。當顧客走進店裡，工作人員除了遞上名片，熱情問候也是必經流程。而且，問候的目的不只是禮儀或表達歡迎，還是為了緩解顧客的不安。

對於工作人員而言，無論職場環境多麼乾淨整潔，或是裝潢高貴、設施豪華，一旦適應並熟悉之後，便會習以為常，不覺得有什麼大不了。

但是，**對於第一次光顧的人來說，初來乍到除了會有新鮮感，同時也會伴隨一絲不安和忐忑**，令人產生孤立無援的感覺。這種感覺會讓顧客本能地萌生警戒心，使他們下意識築起一道自我保護的防線。尤其是門檻較高的奢侈品店家，更容易帶給人這種印象。

如果這時有個人能面帶微笑迎上前來，用一種春風拂面的語調，熱情地招呼並問候自己，心懷不安的顧客就會瞬間被擄獲，自然而然地產生依賴感，心甘情願地跟著對方走，並聽取介紹和建議。

遺憾的是，大多人都知道問候的重要性，卻沒有幾個人能真正做到位，很少店員的問候能讓顧客感到如沐春風，不令人覺得如坐針氈就已經不錯了。

為什麼會這樣呢？最多人容易忽略的就是表情不到位。許多工作人員經常眼睛盯著電腦螢幕，板著一張撲克臉，只要有人進門就機械式地順口說句「歡迎光臨」，我實在不懂這樣的問候有什麼意義？

真正及格的問候除了精神飽滿的聲音，還可以搭配甜美笑容，達到治癒顧客的效果。那麼，該如何創造快速擄獲人心的笑容呢？其實，笑容也藏有玄機，用對方法便能瞬間打動人心，用錯方法則只會令人尷尬不已。

工作人員之所以要微笑，最主要的目的是為了帶給顧客好印象和好心情，以增加自己的成交率，或是讓工作進行得更順利。因此，比起一味地訓練微笑技巧，心意更加重要。

❖你的笑容是否眼含笑意？

最後，還有一個重點需要特別注意，那就是眼睛在笑容中扮演的角色。俗話說：「眼睛是靈魂之窗」，無論你的笑容多麼標準，如果不徹底消除眼裡的陌不關心或是冷淡，很難帶來美好的第一印象。

相信坐過飛機的人應該都有類似的感受，許多資深空服員的笑容裡，總是隱藏一絲難以言喻的冷漠，不知道是因為工作疲累，還是在職場江湖上長期打磨使然。儘管他們擁有熟練的身手，以及高超的待人接物技巧，但是手法越嫻熟、技巧越高超，那種難以言喻的冷漠也越鮮明。

究其原因，奧秘全在於眼睛。如果只有臉頰和口腔周圍的肌肉發生位移，頂多構成的笑容的三分之一，至於剩下的三分之二則全部藏在眼睛裡。所謂「皮笑肉不笑」的意思，就是臉上笑開了花，眼裡卻看不見任何笑意，這種笑容非但無法讓人心生愉悅，還會令人倍感尷尬，甚至是寒風刺骨。

因此，無論如何都要讓眼睛笑起來，只要能做到眼含笑意，面部肌肉是否跟得上已經無所謂。

成交筆記

微笑可以為顧客帶來好印象和好心情，讓工作更順利，進而增加成交率。

因此，比起訓練微笑技巧，心意更重要。

問候時活用遣詞與音調，就能帶來「客製化效果」

表情做到位之後，還要注意問候方法，有些人的問候乾燥無味，毫無感情可言；有些人即便語氣帶有感情，方式卻千篇一律、缺乏變化。想必大家對這兩種情況都不陌生，它們的弊端在於缺乏誠意。

請各位想像一下，當你走進一家店，看到一張面無表情的臉，聽見例行公事般的「歡迎光臨」，你會有什麼感覺？即便你看到一張熱情洋溢的臉，聽到響亮的歡迎聲，但店員對每個顧客都是如此招呼，就像影印一樣整齊劃一，沒有任何變化，你又會有什麼樣的感覺？

雖然問候是工作流程的一個環節，但它的本質是私人的，具有一對一的性質，因為這是問候者與被問候者兩人的私事。從這個角度來看，問候不存在公眾性和公開性，只存在單一性和私密性。

如果想透過問候打動顧客，必須要下點功夫、做點文章。具體來說，問候需要使用語言和聲音的技巧，像是音調、節奏感、音量等等。而且，在不同場合或是面對不同人物時，具體的應對細節也要有所不同。在日本，據說光是「早安」這句問候語，就有十五種不同的處理方式。

目的不同，問候的方式也應該有所不同。舉例來說，怎麼問候能準確表達愉悅的心情、怎麼問候能讓對方明確感知自己的敬意、怎麼問候能讓顧客充分領略自己的積極。這些都需要研究與實踐，並細細品味箇中滋味。

如果你想讓對方感到愉悅，自己必須先開心起來，很難想像心情低落的人，能僅靠乾巴巴的問候，就使對方的心情變愉快。相同地，如果想讓對方覺得興奮，自己也要激動起來，才可能點燃顧客的熱情。

這就是問候的秘訣所在，關鍵在於把「自己」放進去、把自己的「心」放進去、把真情實意放進去，這樣問候才不會淪為枯燥乏味的例行公事。

總而言之，你想傳遞什麼給對方，便要相應地調整自己的說話方式，這樣的問候才有意義。

明白該如何問候顧客，進而留下美好的第一印象之後，還要特別注意問候之後的行動，那才是真正的關鍵所在。如果在行動上「落漆」，再出色的問候也會頓失光彩，毫無價值可言。

舉例來說，當你走進一家店，聽到熱情無比的招呼聲，甚至是來自四面八方充滿朝氣的問候，但沒有半個工作人員出現在你面前，也無法準確判斷那些問候來自哪裡、出自何方神聖，你會有什麼想法？或者，當你迅速鎖定一個熱情問候的人，卻發現他的視線完全不在你身上，而是緊盯著電腦螢幕或桌上的檔案，你又會做何感想？

我甚至看過某些備受冷落的顧客，在無奈之下主動向店員索取商品型錄，只見店員一邊將型錄遞給顧客，一邊脫口說出：「謝謝您的光臨，歡迎下次再來！」我聽完都忍不住笑出來，說這句話是想直接趕走客人嗎？

問候是維繫人際關係的基礎，當一個陌生人來到陌生的地方，見到另一個或另一群陌生人時，空氣中會瀰漫幾分不安、僵硬，甚至是敵意，這時一張熱情的笑臉、一句親切怡人的問候，能讓所有的警惕和緊張煙消雲散，使現場氣氛變得融洽自然，產生幾分親密感。我認為這正是問候的意義。

成交筆記

問候的秘訣在於放進真情實意，才不會淪為枯燥的例行公事。

不要只注重「歡迎光臨」，也要重視「謝謝惠顧」

當然，不只要在顧客進店後熱情招呼，進店前的問候也不容小覷。簡單來說，就是在停車場的問候。我在第一章提過，停車場也是店面的一部分，店家必須做出及時反應，其中就包括問候。

我曾在許多汽車展示中心工作，大多數店家的服務品質相當有水準，但是在停車場的問候上，卻存在致命性的缺點。雖然大多數店家都能在第一時間引導顧客停車，卻無法送上親切而熱情的問候。

顧客通常都是看到工作人員直奔自己的車子，隨之而來的是充斥冰冷與嚴肅的引導聲。直到顧客停車完畢，仍等不到一張笑臉或是招呼聲，甚至連例行的「歡迎光臨」也沒有。

也許對店家來說，引導停車的過程本身就是一種問候，但是顧客既然見到店家的工作人員，理應得到熱情的招呼和歡迎，欠缺這個環節很難得到好印象。從另一個角度來看，店家幫顧客解決停車的燃眉之急，照理說應該是加分項目，卻因為語調和口氣冷漠，莫名其妙地被扣分，實在是吃力不討好。

此外，除了重視進店時的問候，離店的問候及處理方式也有所講究。接下來，我將從兩個層面來討論。

❖主管或管理職要露面

顧客即將離店時，主管最好能露面問候，或是客氣地寒暄一番，不管是哪個級別的主管都可以。如果情況允許，主管最好和負責的員工一起送顧客出大門，並目送他離去。在汽車銷售業界，有些店家甚至還會規定員工，必須向顧客的車輛揮手致意，直到車尾從視線中消失為止。

這麼做的原因很簡單，因為在顧客心中，來自主管的問候有份特殊的重量。面對基層員工時，顧客感受到的是「個人對個人的關係」，若換成是主管，則會變成「個人對公司（店家）的關係」。這兩種關係各有各的價值，對顧客而言有不同的意義，最好不要偏執一端、顧此失彼。

而且，來自主管的問候能讓顧客倍感尊重，覺得自己格外受到關照，並對店家的經營管理水準刮目相看。這樣的好印象不但利於成交，還有助於把顧客變成回頭客，甚至是常客和粉絲。

❖創造顧客再次來店的契機

許多人常常會忘記送客的真諦，以為只要客氣地把顧客送到門口，並對他們這次的光臨表達謝意即可。然而，埋下讓顧客再次光臨的伏筆，才是送客最重要的目的。

從這個意義上來說，僅客套地說一句「感謝您的惠顧」，就將顧客匆匆送走，實在是太可惜了，即便再補上一句不痛不癢的「歡迎下次光臨」，也無法達到什麼實質效果。因為，光靠嘴巴說出來沒有任何用處，必須賦予真實而豐富的誘因，激起顧客再度光臨的動機。至於該如何讓顧客想再次光顧呢？下一節將會仔細介紹實際方法。

成交筆記

除了注重進店的招呼，也要講究離店的問候及處理方式，更有助於將顧客變成回頭客或是粉絲。

學會5個小心機，創造讓顧客再次光顧的契機

接下來，我將透過幾個真實案例，詳細介紹讓顧客想再次光臨的小心機，可以簡單分成以下五點。

❖心機一：建立個人信賴關係

推銷自己並建立個人信賴關係非常重要，如此一來顧客就不會是為了商品再次光臨，而是為了你才決定再次光顧，以下舉我個人實際案例。

某天，妻子在逛大型購物中心時，與一個化妝品專櫃小姐一見如故，很快地兩人

便成為莫逆之交，她幾乎一有空就往那邊跑。當然，妻子並不是每次都會消費，而是一種「找熟人聊天」的感覺，但是把時間拉長來看，她在那裡的消費總金額也不是小數目。

按照妻子的話來說，她們兩個人非常投緣，而且一拍即合，似乎天生就該當閨蜜，但我卻不這麼認為。

根據我在銷售業界打滾多年的觀察，不用猜也知道，那個專櫃小姐的閨蜜遍天下，何止妻子一人。只不過，我為了不破壞她的好心情，一直沒有說破。這就是典型「對人不對事」的例子。顧客看中的是人，至於那個人到底賣什麼，反而不是重點。

一直以來，我實在不明白為什麼許多店員在面對顧客時，滿腦子想的都是賣商品，這種模式實在露骨、單調又乏味，而且還會令買賣雙方感到疲憊。所以，不妨偶爾換換思路、另闢蹊徑，尋找一些新的靈感，說不定會發掘出不一樣的銷售模式。

我每次到企業進行員工培訓時，都會向管理階層和第一線銷售員，推薦新型銷售與管理模式，也就是設定獨特的ＫＰＩ（關鍵績效指標），考核員工在面對顧客時，能持續不談商品（尤其是自家商品）多久，以及交談時的氣氛是否融洽。

透過這個KPI，便可得知員工在脫離「商品」及「銷售」兩個目的之後，有沒有和顧客交流溝通、套交情、做朋友的能力。如果具備這些能力，用不著拚命兜售商品，顧客反而會主動跟你買。相反地，如果缺乏這方面的能力，即便說破嘴，顧客照樣對你的商品沒興趣。

一般來說，進行這個訓練一段時間後，店員「推銷自己」的能力便會大幅進步。由此可知，「自來熟」的特質並非先天條件，還可以後天訓練或培養。

「脫離買賣，專攻人情」確實不是一件容易的事，必須拿出破釜沉舟的決心。不過，一旦成功突破固有的心理障礙，迎來海闊天空的新格局並非難事。

❖心機二：用尚未到店的新商品吸引顧客

這是商家最常使用的方式，但如果一味地以未到店的新商品誘惑顧客，可能無法達到太顯著的效果，因為顧客未必對你的新商品感興趣，結果無論怎麼賣力推銷，都是徒勞無功。

更糟糕的是，這是一種由店家指向顧客的單向行為，往往會以吃力不討好的結局作收。只有店家「自嗨」沒有任何意義，讓顧客對店家或商品「嗨」起來，才是做生意的真諦。

為此，必須暫時拋開店家立場，完全站在顧客的角度思考，觀察對方的需求和痛點，然後對症下藥，必然會有所斬獲。

❖心機三：挖掘顧客需求，尋找他們感興趣的點

如同前文所述，找到顧客的需求點後再對症下藥，比亂槍打鳥更有效果，以下再舉前文「櫃姐閨蜜」的例子說明。

某天，妻子去閨蜜的專櫃閒逛，看上一套韓國原裝且價格不菲的化妝品。她一副愛不釋手的樣子，卻十分猶豫要不要購買。

原來，妻子非常滿意這套化妝品的所有商品，唯獨覺得當中的卸妝水不太好用。與此同時，她看上另一套化妝品中的卸妝水，但對套裝中的其他商品又不甚滿意。由

於這兩套化妝品都不可拆售，更不可能和其他系列調換。此時妻子內心十分糾結，不知道該如何是好。

閨蜜看出妻子的心思，不動聲色地說：「這套化妝品我幫妳打八折，卸妝水妳可以送人，反正我已經把卸妝水的錢從折扣裡抹掉，妳不吃虧。至於妳看上的那瓶卸妝水，就包在我身上，下次來的時候送給妳。」

妻子聽完後內心一陣狂喜，嘴上卻故作客氣地推託：「我怎麼好意思白拿人家的東西呀！」閨蜜笑著回答：「放心，沒有白拿！剛好我前陣子買了兩套那個系列的化妝品，其中一套正在用，另一套還沒拆封呢！我把新的那瓶送給妳，反正卸妝水是那套化妝品中最便宜的，而且妳經常來我的專櫃捧場，就當作感謝妳的禮物！」

幾天後，妻子又去那家專櫃，閨蜜也很爽快地兌現諾言。這個小事件讓妻子更信任她，對那家專櫃的好感度也直線上升，而且更加頻繁地光顧，替她衝了不少業績。至於那個閨蜜是否真的碰巧買了那兩套裝化妝品，恐怕只有天知曉了。

由此可見，成功挖掘痛點需要銷售員的敏銳洞察力，以及高超的溝通技巧。每個人的痛點都不一樣，只要準確抓住，顧客就會成為囊中之物。

❖心機四：在同行者中找機會

銷售行為中的大忌之一，就是把所有注意力都放在主要顧客身上，忽略顧客身邊的人和同行者。

除了獨自前來的顧客之外，有同行者的顧客幾乎都會在消費時，徵求身邊人的意見，也相當在意旁人的感受。換句話說，顧客身邊的人對決策影響力極大，這是商場中的常態，務必好好把握，萬萬不可大意。

我們先談商場上不同的性別觀點，首先介紹「女性視點」。在一些男性顧客較多的行業，像是汽車或是電子產品等銷售業，經常會忽略女性視點。

在一般人的認知中，女性對機械類的東西較缺乏興趣，所以有時對這方面的話題會有點反應遲鈍，需要花比較長的時間理解。不過，這不代表女性不喜歡這類商品。汽車是典型的高檔消費品，大多數女性都愛不釋手，就像大多女性喜愛高檔手錶，卻未必對鐘錶機械的知識感興趣。如果銷售員沒有正確區分這兩者的差別，後果會很嚴重。

也就是說，大多數女性雖然對機械知識沒興趣，但十分喜愛商品本身，因此願意認真傾聽銷售員的商品說明，也會盡力理解。這時，如果銷售員認為女性對相關知識的反應較遲鈍，因而把所有注意力都放在同行的男顧客身上，極容易引起女顧客的不悅。而且，自己的女性親友或另一半受到冷落，心情明顯不開心，男顧客的購物感受便可想而知。這種行為等於一次得罪了兩個人，實在得不償失。

不只如此，通常女顧客和男顧客同行時，財政大權及最終的決定權往往掌握在女顧客手裡，因此只要女性不拍板，男性再喜歡也沒用。

接下來，再來談談「男性視點」。既然女性掌握財權與決策權，那麼是不是只要好好應對女性，就能輕而易舉地促成一樁生意呢？當然不是。如果商家做生意時遺漏男性視點，把所有注意力傾注在女性身上，恐怕還是沒什麼效果。

舉例來說，丈夫和妻子一同逛街時，妻子通常會對時裝、飾品或內衣的店家感興趣。在這些地方，女性受到照應、男性被冷落，似乎是很常見的事，但其實這個舉動犯了一個致命的錯誤，那就是忽略女性的消費習慣。

通常夫妻或男女朋友一同購物時，女性在做決定之前，會穿戴心儀的商品，走到丈夫或男朋友身邊，用溫柔且帶著幾分期待的語氣詢問：「好看嗎？」如果男性給出負面回饋，或是面露難色，女性原本堅定的決心便很有可能瞬間翻盤，店家的生意也會即刻灰飛煙滅。

由此可見，**做生意不只要關注顧客的心情和喜好，也必須好好照顧顧客身邊的人，這既是店家的職責，也是銷售技巧**。因此，在所有的銷售環節中，商家都要想方設法地在顧客的隨行者身上下功夫，爭取他們的「加分效果」，為生意推波助瀾。

除了成年人的視點外，小孩的視點也不可小覷，千萬不能因為小孩年紀小，便完全無視他們的意見和想法。雖然家長購物時，並不會刻意徵求小孩的意見，但是小孩對購物環境及服務品質的感受，也會間接影響到家長。把小孩服務好，讓他們心情愉悅，便能令家長擁有更舒適的購物體驗，有助於順利做出購物決策，而且更容易成為回頭客，甚至是常客。

這方面的例子不少，前文提過發名片給小孩的日本店家便是如此。這麼做還有個好處，因為小孩比較愛惜喜歡的東西，不會輕易丟棄。這麼一來，即便父母隨意丟掉名片，一旦之後想再度聯繫店家，小孩保存的名片還能幫上大忙。

❖心機五：刻意創造顧客的「不滿足」

毫無疑問地，開店就是為了滿足顧客的需求，所以讓顧客不滿足是做生意的大忌。不過，某些時候情況則恰恰相反，這份不滿足非但不會影響商家的業績，反而會促進生意。

因此，商家必須刻意製造顧客的不滿足，盡量促使他們頻繁地回訪並消費。具體來說，可以怎麼做呢？

舉例來說，我有個經營超市的朋友，曾在店裡舉辦促銷活動，推出「消費滿五百送沙拉油或洗衣粉」的優惠。由於達成門檻低、獎品有吸引力，那陣子店裡的生意相當不錯。

不過，許多顧客的消費金額達標，到收銀台結帳領獎時，卻被告知「沙拉油已經全數送完，只剩下洗衣粉」，隨後收銀台的店員又補上一句：「一週後我們會補貨。如果您不想要洗衣粉，憑發票可以兌換沙拉油，但請盡量早點來，否則又會被一搶而空！」

最後，幾乎每個沒換到沙拉油的顧客，都在一週後再次光顧，店家也爽快地兌現承諾。實際上，那些沙拉油早就準備好，只是故意沒在第一時間拿出來，這麼做是為了創造讓顧客多來店的機會。超市屬於衝動購物、隨機消費的場所，很少人進去後會空手而歸。因此，只要店裡有人氣，一般來說買氣都不會太差。

這就是製造「顧客不滿足」的典型例子，有助於使顧客再次乃至多次光臨。不過要特別注意的是，一定要在特定時間內滿足顧客的這份「不滿足」，如果一味地吊胃口，只會適得其反、引起反感。因此，切記要小心謹慎，想清楚所有的環節和邏輯，才能獲得預期效果。

以我這位朋友的做法來說，由於沙拉油的價位比洗衣粉高，因此被搶光是理所當然，顧客也可以理解。不過，製造顧客不滿足一定不能過頭，明顯地讓人認為是場騙局，否則過去的所有心思就會徹底付諸流水。

為了防止這種現象，最好可以為「不滿足」設定一條底線。在上述的案例中，洗衣粉就是底線，如果顧客嫌麻煩、不想再特別跑一趟，隨時可以先拿走洗衣粉，而且這麼做也沒有違反店家承諾，不會讓人產生負面印象。最重要的是，店家一定要確實兌現承諾，千萬不可食言。

另外，在顧客的某種不滿足被滿足之後，店家還需要不斷製造新的不滿足，將顧客牢牢綁住，使他們欲罷不能、欲退無路。只要能做到這點，生意興隆、門庭若市的那一天便近在眼前。

成交筆記

創造顧客的不滿足，有助於促進店家的生意，但是要在一定時間內重新讓顧客滿足，並且確實兌現承諾。

只要抓住顧客的軟肋，路人也能變成忠實鐵粉！

接下來，我想再向各位介紹一個親身案例。

幾個月前，我經朋友介紹，到某家新開的火鍋店用餐。雖然這家店的菜色沒什麼稀奇，但餐廳的環境相當別緻，店面中有小橋流水、亭台樓閣、錦鯉噴泉等裝飾，而且服務方面也別有用心，幾乎每張餐桌都安排專人服務，讓顧客倍感尊貴。

當然，餐廳的環境和服務如此，價格自然不菲，我們一家人抱持「偶爾奢侈一下、下不為例」的心情，盡情享受一頓美餐。不過，席間發生一個小插曲，差點讓我們「下不為例」的想法破功。

由於岳母喜歡吃雞蛋豆腐，便毫不猶豫地點了這道料理，沒想到端上桌之後，岳母一吃發覺味道不太對，便隨口咕噥一句。服務人員聽聞後立刻撤下這道菜，並解釋：「豆腐可能在冰箱裡沾染到其他食物的味道，不過新鮮度和品質絕對沒有問題，不用擔心吃壞肚子。」岳母聽聞後表示，可能自己很常吃雞蛋豆腐，對口味有點挑剔，實際上豆腐本身沒什麼太大問題，可以不用撤單。

服務人員擺了擺手，還是堅持撤單，並且帶著歉意對岳母說：「阿姨，您過兩天再來一次，我們店幾天後會補上一批新貨，絕對保證新鮮，到時候再免費送您一份雞蛋豆腐！」說完後，便從口袋中掏出一個小本子，在上面仔細註記。

最後，在對方一再堅持下，這道菜還是被撤下，岳母覺得有點遺憾，卻也不好意思說什麼，只是喃喃自語地說：「不該多嘴。」臉上頗有幾分悔意。

至於那個服務人員的熱情邀請，一家人反而很有默契，認為這是促銷手法，所以決定不為所動。不過，我對於店家的做法與誠意，還是給予肯定。

然而，我卻怎麼也沒料到，這家店的高明手法不僅如此。我們一家人用完餐，來到收銀台結帳，收銀店員熱情地問候我們，並詳細詢問用餐感受及意見和建議。我們坦言很滿意環境和服務，不過價位略高，令人感到有些吃力。

收銀店員聽聞後，馬上熱情向我們推銷店裡的「服務金卡」，表示辦了這張卡之後，可以得到相當可觀的優惠。但這個套路實在了無新意，我們馬上就婉拒了。收銀店員爽快地表示理解，又從櫃台抽屜裡掏出一個玩具贈品遞給我女兒，我定睛一看，原來是個橡皮小豬的鑰匙圈。

八歲的女兒愛不釋手，連忙道謝，收銀店員見狀又送出兩個，分別是小狗和小兔子。女兒越看越喜歡，撒嬌著說還想要兩個，收銀店員面露難色地說：「小朋友，真是不好意思！我們規定每桌客人最多送兩個鑰匙圈，我已經破例給妳三個了，等妳下次來，我再讓妳挑三個小動物，我們這裡有一整套十二生肖的鑰匙圈，每一個都非常可愛喔！」

回家的路上，我有種不祥的預感，果不其然，女兒很快地開始撒嬌，吵著要收集全部的十二生肖，而且她過了一個星期後還念念不忘，讓我和妻子筋疲力竭，實在被她吵得沒辦法。兩週後，我們又再去那家店，並且辦了一張服務金卡。

幾個月過去，女兒已經收集完十二生肖鑰匙圈，我以為總算可以喘口氣，沒想到那家店又推出變形金剛系列！好在女兒似乎對變形金剛沒什麼興趣，這才勉強踩下煞車。我現在回想起那家餐廳還是心有餘悸，其手段真是令我暗自佩服。

話說回來，在這個物質豐富的時代，如何尋找稀缺乃至創造稀缺，需要店家工作人員透徹的洞察力、敏銳的感受力，以及迅捷的行動力。既然要做生意，必須大膽且頻繁地實驗，千萬不能過於拘泥，或是明知無效仍死纏爛打。

一招不靈，再換一招即可，一個人不靈，再換一個人試試看，只要抓住時機多多嘗試，總會找到靈驗的招數和靈驗的人，進而達成讓顧客「一來再來」的目的。這才是正確的待客之道。

成交筆記

觀察顧客反應，並在準確時機抓住他們的軟肋，便能使他們忍不住頻繁光顧。

保持絕佳狀態的展品，才能勾起顧客的美好嚮往

學會問候顧客、遞名片的正確方式，以及讓顧客想再次光顧的技巧之後，接下來要進入店家最關鍵的環節，也就是展示商品並向顧客介紹展品。

不論工作人員打扮得再怎麼光鮮亮麗，店面環境佈置得再怎麼漂亮，如果在這個環節上出包，十之八九會前功盡棄。那麼，在展示商品的環節上，有什麼需要特別注意的事項呢？

第一個要注意的是，隨時確保展品處於最佳狀態。許多人看到這裡可能會不屑一顧，認為這是世人皆知的道理，但是真正做到位卻沒那麼容易。

❖為什麼產品那麼重要？

舉汽車為例，相信每個走進汽車展示中心的顧客，第一眼都最希望看到展車。在展廳柔和的燈光照耀下，那光亮如鏡的車身散發迷人光芒，讓人不禁想觸碰，或是打開車門進去試乘。坐進車子內部之後，駕駛席上舒適的座椅、寬敞雅致的車內空間，都讓人心情愉悅。此外，還可以聞到一股新車特有的味道，令人格外興奮。

總而言之，每個人對眼前的商品都抱持不同的感想和需求，腦海裡浮現的畫面也有所不同，像是一家人快樂的自駕出遊、開新車上班時同事投來的羨慕眼光、另一半看見新車時的吃驚眼神等。這些美好畫面全部來自於眼前展車所呈現的效果，這就是為何展示商品如此重要。

遺憾的是，現實世界往往令人失望，許多優秀的商品在展示環節出問題，不但沒有向顧客強調優勢，反倒抹煞它們身上的亮點，說店家「暴殄天物」也不為過。

去過汽車展示中心的人恐怕都有類似的經歷。當你鑽進展車中，會發現本應擺上腳墊的地方，卻鋪著幾張充滿腳印、油漬和泥汙的白紙或報紙。坐上駕駛席後，包裹座椅的白色塑膠布立刻黏上屁股，光是坐著就倍感彆扭。這些令人不舒服的體驗，都會使坐進展車的新鮮感和興奮感大打折扣。

當然，可以體諒店家想保護展車的用意，不過這些東西對顧客而言，全都是無用之物，甚至會影響他們對車子的評價。因此，在顧客面前應該丟掉這些多餘的東西，透過其他手段予以彌補。如果仔細思考，應該可以想到很多替代方法，關鍵在於店家用不用心、肯不肯下功夫。

諷刺的是，店家雖然極力保護車內的各項設備，展車外觀卻相當「不拘小節」。車身光亮的漆面上，充斥顧客反覆觸摸的手印，車門把手因為多次使用，附著上一層薄薄的黑漬。

車身尚且如此，車底狀態便可想而知。擋泥板內側積了半尺厚的污泥，好像只要稍微用力關車門，就會把泥巴震落到地面上，輪胎當然也好不到哪裡去，殘留的泥汙顯得格外刺眼。既然是展品，外表理應光潔亮麗、一塵不染，如果展品骯髒不堪，便失去展示的意義。

另外，展車的裝飾與佈置也大有學問。我很常看到擋風玻璃上，貼著碩大的價格表，後座則放著各式各樣促銷用的周邊產品。然而，這會使駕駛席前方的視野受到遮擋，而且無法準確判斷後座的空間大小。

總而言之，**如果顧客難以得到滿意的體驗，或是無從判斷能否滿足自己的需求，都會嚴重影響購車決策**。其實，以展車當作廣告媒介並沒有什麼問題，但如果廣告會妨礙顧客的體驗效果，便是違背展車的初衷，可謂得不償失。

接下來，我想再說一個真實的小故事。某次，我到著名的韓系汽車展示中心，體驗新上市的SUV運動休旅車。由於展廳沒有我想看的車款，銷售員便帶我到外面的露天停車場。

可以想像，那裡每輛車都佈滿灰塵，幾乎無法從車身辨認原形，簡直就像剛出土的文物。當銷售員帶我到想看的車款前，我雖然已經做好心理準備，還是忍不住皺起眉頭。

車身佈滿灰塵就算了，擋風玻璃也被厚厚一層塵土覆蓋，幾乎無法看見車內的狀況。不僅如此，表面還佈滿或白或綠、或乾或濕的鳥糞及污漬，只能用慘不忍睹來形容。眼前的汽車怎麼看都不像新車，根本像是從廢車場裡拖來的舊車和破車。我不禁暗自納悶，平時只要用塑膠布簡單遮擋一下，車況應該不至於惡劣至此。

我理解露天停車場的環境，不可能讓每輛車子隨時保持嶄新狀態，但既然展廳的車型相對單一，無法完全滿足顧客的看車需求，時不時必須把顧客帶到停車場看其他車型，最起碼要將幾輛有代表性的車當成「展車」處理，確保這些車維持在「能看」的狀態。

不過，既然人都來了，還是得看車，於是我打開車門鑽進去，屁股才剛落在駕駛席的座位上，就發現包裹座椅的塑膠膜上，也覆蓋一層厚厚的塵土，剛好那天我穿著一身新買的西裝，看來這身行頭是報廢了，但我只能撇撇嘴，重新整理好心情，繼續看車。

銷售員遞給我鑰匙，我試圖啟動引擎，但是引擎始終沒有動靜，銷售員試了一下後告訴我，發動機沒電了！我再次感到納悶，這家店是否真的有賣車的打算？我帶著滿腦子問號勉強試完車。離開那家店後，我在心裡對自己說：「我這輩子不會再來這個地方第二次！」

我想很多人應該都有類似的經驗，可見維持展品狀況不像嘴上說得那麼容易。而且，對待展品的態度就是對待顧客的態度，容不得粗枝大葉，更不允許漠不關心。

不過，確保展品長期維持在最佳狀態，並不是件輕鬆的事，除了需要體力，還需要動腦子，以及工作人員大量的心血和勞力。不過，這些付出絕對值得，畢竟所有努力都是為了成交的臨門一腳，既然前面成功闖過這麼多難關，千萬別因為最後的一哩路，讓所有努力白費。

成交筆記

每個人看到眼前的展品後，腦海裡會浮現不同的嚮往，而那些美好畫面全來自眼前展品所呈現的效果。

演示不能口說無憑！用小道具把想像變現實

確保展品維持在最佳狀態之後，還要明白最能吸引顧客興趣的展示方法。簡單來說，就是學會營造令人心動的場面和氛圍，透過一系列精心安排和巧妙鋪陳，讓顧客體驗真實的臨場感，產生強烈的視覺衝擊，並留下不可抹滅的深刻印象。

為此，需要動用許多道具，工作人員也必須掌握許多技巧。舉例來說。當銷售員介紹某輛車的內部配置時，經常會說：「我們這款車的設計非常便利且人性化，內附多個收納空間，還能自動調節收納大小。比如說，這個收納盒可以放一雙鞋，這裡的收納空間夠放一個大型購物袋，去超市買東西一定能派上用場……。」

❖用真實物品創造深刻的視覺衝擊

不過，儘管銷售員非常賣力地推薦，顧客也感到相當心動，但是缺少實物的介紹，好像略嫌不足。如果在介紹時，真的在收納盒中放入一雙鞋，或是實際拿出一個裝滿東西的大型購物袋，應該會達到相當好的效果，顧客的視覺衝擊也會更強烈。雖然只是幾個的小小道具，卻會帶來天壤之別的展示效果。

相同地，如果想向顧客展示後車廂的大容量空間，與其說「我們這款車的後車廂足以放入四個大型滑雪板」，不如直接把滑雪板放進去，讓顧客親眼見識。這比放那些不相干的促銷品，更能抓住顧客的心。

多年前，我們家決定購入第一輛車時，就是銷售員精彩的展示手法，幫我們下定最後決心。那時小孩才三歲多，是家中長輩的掌上明珠，長輩對車子只有一個要求，就是後車廂必須夠大，而且後排座椅要能完全放平，讓孩子可以舒服地在車裡睡覺。

這個「絕對放平」的條件徹底難倒我們，因為在大多數的車子中，將後排座椅完全放平後，還是會有明顯的傾斜。正當我們一籌莫展時，一款日式MPV休旅車映入眼簾。這款車除了可以完全放平後排座椅、沒有任何傾斜，放平後的空間也相當大，足以再躺兩個成年人，而且還是腳尖不會伸出車體的狀態。

然而，這款車的價格昂貴，足足超過預算數十萬元，家中長輩又開始猶豫不決，因為價錢也是他們心中的另一條底線。

這時，銷售員說：「我知道這款車的價格確實稍微高了一點，但是這個空間就像小房間一樣，別說小孩，就算睡兩個大人也綽綽有餘。買這款車雖然要多花一點錢，但是您想想看，如果把車買回去，還能順道帶回一間新房子，不是很划算嗎？」

銷售員說完後，打開手邊的行李箱，取出一個小箱子，接著從箱子裡拿出棉被和兩個枕頭。只見他熟練地鋪好被子、擺上枕頭，原本空蕩的後車廂突然充滿床的感覺，那種視覺衝擊可想而知。之後，我們終於下定最後的決心，買下那輛車。

多年後，出於種種原因，我們賣掉那輛車，又換一輛更高等的新車。但是，家裡每個人都對第一輛車念念不忘，每次在街上見到相同車型的車子時，我們都會脫口而出：「快看，那是我們家以前的車！」

一次精湛的演繹，決定一段美妙緣分。其實，完美的展示商品既取決於銷售員本人的意識，也取決於活用小技巧。替顧客著想的意識越強、展示的技巧越熟練，銷售時便會得心應手、漸入佳境。

成交筆記

展示商品時，要營造令人心動的場面和氛圍，並透過精心安排和巧妙鋪陳，讓顧客有臨場感、產生強烈視覺衝擊，進而留下深刻印象。

銷售員的貼心，是壓垮顧客猶豫的最後一根稻草

備妥維持最佳品質的展品，以及推銷時的關鍵道具之後，最後要介紹最重要的關鍵，那就是銷售員的心思。這個心思既能成就一件展品，也可以毀滅一件展品。以下舉兩個真實例子。

有一次，我在銷售員的再三邀請下，到某家店的室外停車場看車。那天豔陽高照，室外氣溫三十七、八度，地表溫度至少達到五、六十度，在這樣的日子裡，到室外看車確實需要一點勇氣。

但是，當我來到那輛展車旁，發現自己的勇氣遠遠不足。不誇張地說，那輛展車簡直就是一塊炙熱的鐵塊，好像只要澆上一點水，便會立刻發出滋滋聲，冒出一縷熱

氣來。

一打開車門，一股積蓄已久的熱浪潮我撲來，坐進車裡後，灼熱的真皮座椅炙烤著屁股，相當難受。由於車子在封閉狀態下被長時間暴曬，車內溫度遠勝車外，體感溫度至少達到六十幾度，我簡直就像被關進煉丹爐裡的孫悟空。

銷售員自己也酷熱難耐，邊道歉邊打開所有車窗，可惜那天沒什麼風，打開車窗後，陽光直射車內，反而變得更加炎熱。在這樣的酷暑中，我一邊聽銷售員講解，一邊觀察車內的設備，儘管兩人都試圖集中注意力，卻始終難以做到。最後，我在車裡待不到十分鐘，便倉皇逃離。

照理來說，事前打理好展車並不難，只要提前幾分鐘打開車內的冷氣，讓車子裡的環境稍微舒服一點，之後再邀請顧客前來看車，這點小事便可輕鬆解決。

❖多在展品上花巧思，喚出其中的潛力

說到這裡，我又想起另一家汽車展示中心。那天也是個豔陽天，場地同樣是室外

停車場，我卻有截然不同的體驗。

當天，我得知展車停放在室外停車場後，不禁皺了皺眉。銷售員秒懂我的心思，爽快地對我說：「請您稍等我一下，我把展車開到展廳前面！」我有點不好意思地回答：「為我一個人將展車開過來，不太好意思吧？」

銷售員熱情地說：「展車就是給顧客看的，當然以您方便為主，我們會為所有顧客挪動展車，這點小事不算什麼！」

銷售員話才剛說完，便轉身離去，大概過了七、八分鐘後，又氣喘吁吁地跑回來。我從冷氣充足的展廳走到停放展車的地方，炎熱的天氣一下子便包裹住我全身，令人難以忍受。但是，當我一看到那輛展車，心情瞬間好了許多。

原來，銷售員不只將展車開過來，還特意開到洗車房，將車子沖洗一遍。由於時間倉促，來不及徹底擦乾車身，在陽光照射下，仍可看到車身掛著一串串閃閃發光的水珠，但正是這些水珠為車子增添一絲涼爽的感覺。

當我轉過身想和銷售員道謝，只見他臉上和身上都汗珠點點，但是從他一臉真誠的笑意中，可以看見他自信且專業的態度。

商品是死的、人是活的，多在展示方法上花心思，多在顧客心理做文章，便能喚出每件展品的無限潛力，爆發出無盡能量。

成交筆記

銷售員的心思既能成就一件展品，也可以毀滅一件展品，多在顧客心理做文章，便能喚出每件展品的無限潛力。

重點整理

☑ 如果臉上笑容燦爛，眼裡卻看不見笑意，不但無法讓人心生愉悅，反而會倍感尷尬。

☑ 問候需要使用語言和聲音技巧，像是音調、節奏感、音量等等。而且，在不同場合、面對不同人物時，應對細節也要有所不同。

☑ 顧客離店時，管理職親自露面送客，可以使人感到備受禮遇。

☑ 想讓顧客再次光臨，可以建立信賴關係、用未到店的新商品當作誘因、挖掘顧客的需求、在同行者中找機會，並刻意創造不滿足。

☑ 在物質豐富的時代，尋找稀缺並創造稀缺，需要洞察力、感受力、行動力，以及大膽的實驗，千萬不能過於拘泥或死纏爛打。

☑ 展示商品時，可以透過小道具製造臨場感，為顧客著想的意識越多，銷售時便會得心應手。

將公司內部的理由強加到顧客頭上，是服務業常見的通病，顧客大都對此深惡痛絕。而且，不管公司有什麼特殊安排或制度規定，都與顧客無關。

第6章

待客就像追情人，隨時要注意「細膩小心思」

掌握商談主導權，竟然是從主動「打招呼」開始！

在本節的開頭，我想先向各位說一個關於美國總統大選的故事。美國前總統小布希（George Walker Bush）在競選總統期間，為了練習競選演講，曾在自家佈置一個講台，並配上相關的攝影設備。

基本上，美國總統候選人每次的競選演講必須耗時一個半小時，小布希在家中的演講練習時間也是一個半小時，與正式演講分毫不差。換句話說，他把每次的練習都當作正式演講，不敢有絲毫怠慢。

另一方面，小布希當時的競爭對手艾爾・高爾（Al Gore），為了在激烈的競選中勝出，也使出渾身解數。競選期間，他定期邀請十三名一般美國公民到家裡做客，這些人是隨機挑選，來自各行各業。高爾與他們共同研議政策，並認真聽取基層的意見，不放過任何一個細節，像是語言的應用、詞彙的選擇、聲調的高低、表情的變化、視線的控制等，甚至連偶然皺眉時，眉間皺紋給人的觀感，都一一聽取大家的意見與建議，並小心翼翼地予以調整和修正。

當然，這些都能被視為贏得選舉的表演，但這在人生中大有用武之地，換個角度來看，我們可以稱之為良好的事前準備。

相同地，銷售員為了追求最佳效果，正式與顧客進行商務談判或交易之前，必須做好萬全的準備，這既是常識也是職場素質。不過，現實世界中難以看到如此光景，前陣子我身邊就發生一件相當荒唐的事。

❖櫃台的缺口，就是銷售破綻

我有個朋友要換車，希望我能提供他參考意見，於是我們相約到某家德系品牌的汽車展示中心看車。邁進展廳之後，只見櫃台附近有位銷售員，正在和看似熟客的人談話，而且氣氛相當熱烈。但這不是重點，問題出在櫃台處於無人的狀態！

從事過汽車銷售業的人都知道，展廳的櫃台絕對不能無人留守，因為隨時可能有諮詢電話或是顧客光臨，櫃台人員必須招呼每位進店的顧客，主動詢問他們的需求。如果櫃台工作人員因事離開，也必須把職位暫時託付給其他同事。然而，眼前這家店的櫃台空無一人，不遠處與顧客聊天的銷售員，居然還對此視而不見，實在令人大開眼界。

很顯然地，那位和顧客聊得正開心的銷售員有意識到我們，但只轉過來瞥我們一眼，很快地又沉浸於熱烈的對話之中。他看到顧客卻沒有任何問候或接待，我們的存在簡直就像空氣。

櫃台右後方是銷售部門的辦公室，我瞄到裡頭有人打電話、玩手機、盯著電腦，或是幾個人聚在一起聊天，似乎每個人都在忙自己的事，沒人在意展廳裡究竟發生什麼事。

老實說，當時我喉嚨裡差點蹦出「有人嗎」這三個字，甚至有點被眼前的景象激怒。無奈之下，我們走到那位聊天中的銷售員面前，向他索取商品的宣傳型錄，並請他簡略說明。

銷售員聊天被打斷，臉上顯露出幾分錯愕，好像完全沒有心理準備。他跑到櫃台，摸出一份型錄遞給我們，簡單詢問我們的來意後，便開始簡介商品。沒想到他開始介紹後，我心中的失望與憤怒之情反而更加嚴重。

介紹的過程中，那位銷售員說話不順、前言不搭後語，根本搞不清楚自己到底在說什麼，尤其當我們提問時，他的回答簡直令我們替他覺得有些尷尬。面對我們的強烈攻勢，他漸漸開始招架不住，只見他對我們乾笑幾聲，跑回辦公室拿出產品知識手冊，對照手冊的內容一一回答問題。

我心裡暗自感嘆，既然有這麼多時間和熟人閒話家常，為什麼不抓緊時間好好準備，把自己武裝好，以便接待更多新顧客、拓展新商機，那位銷售員實在令我感到相當不可思議。

說了這麼多，我想要表達的是，接待顧客一定要有備而來。**主動招呼顧客不只是基於禮貌，也代表自己胸有成竹，把商談的主導權牢牢抓在手裡**。相反地，如果是顧客主動走向你、主動向你打招呼，則代表主導權可能被對方搶走，商談中的立場會變得相當被動，甚至被逼入牆角、無法脫身，連喘息的機會都沒有。

主導權之爭非常重要，萬萬不可小覷。當然，這一切的前提是要儲備扎實的基本功，而且每次上戰場前都要好好練習，絕對不打無把握之仗。

連美國前總統都知道這一點，作為第一線銷售員更不應該掉鏈子，如果沒把自己準備好，就沒資格站在顧客面前，否則只是害人害己害公司。

成交筆記

主導權之爭非常重要，一切的前提是儲備扎實的基本功，而且每次上戰場前都要練習，絕對不打無把握之仗。

「信賴」聽起來無利可圖，卻是成交的最大基礎

某天，我到二手車賣場閒逛時，遇到一位二十幾歲的年輕銷售員，他有著極其樸實、透徹的領悟能力，甚至給我這個老江湖許多啟發。

他在介紹車子時，一再對我說：「我的工作很簡單，就是用最便宜的價格把最好的車賣給顧客，但這當中有許多細節不是我能決定的，所以無法承諾顧客什麼，唯一能做的，就是盡量接近顧客的目標或期望。」說實話，他這番話讓我相當放心，因為道理很實在、觀念很清晰。

無論是對顧客吹牛皮、開空頭支票，或是唯唯諾諾、推三阻四，都難以贏得好感和信任，只有像這位銷售員一樣實在，才會讓人覺得可以放心信任。

獲得顧客的信任非常重要，幾乎得以掌握生意的成敗，即便你沒有高超的銷售技巧，只要能獲得顧客信任，便可以大幅提升成交的機率。這是商場中的常識，卻一再被忽視，太多人信口開河、推諉責任，整天惦記著耍小聰明，從未認真思考過信任這兩個字背後的意義。

那麼，顧客平時沒說出口、憋在心裡的不信任有哪些呢？舉例來說，各位面對過度熱情的銷售員時，是否會在心裡暗自揣測：「他這麼熱情地向我推銷，到底是真心想滿足我的需求，還是為了自己的業績獎金？」或者是：「他一直強調這個東西絕對是市面上最好的產品，到底是不是真的？說不定只是個劣質品，他為了業績才把它誇獎成高級品吧？」

如果買賣雙方無法向彼此展示自己的真心，便會陷入相互猜疑的惡性循環中，甚至將對方視為敵人，並採取充滿攻擊性的行為。在這種情況下，即使最後順利成交，過程也會艱難無比，而且最終結果也難以令雙方滿意，往往形成雙輸的局面。

總而言之，缺乏信任最大的弊端，並不是商家向顧客撒謊，而是即使說出實話，顧客也以為在說謊，這種局面幾乎能把商家逼向絕路。

因此，在做生意之前，無論如何都要先建立相互信任的關係，為此吃點小虧也沒關係，總比失去信任後吃大虧來得好。

成交筆記

缺乏信任最大的弊端在於，即使商家說實話，顧客也以為對方在說謊，這種局面幾乎能將商家逼向絕路。

每天問自己9問題，搭起與顧客「以心傳心」的橋樑

那麼，如何才能與顧客「以心傳心」呢？以下介紹的方法，非常適合用於買賣雙方初次見面。而且，要特別注意的是，初次面對顧客時，一定要清楚傳達自己及公司的經營理念和競爭優勢，使對方發自內心地理解與接受。為此，請向自己提出以下幾個問題：

1. 顧客為什麼要見你？你身上有什麼吸引顧客的價值？
2. 顧客為什麼要向你提問？為什麼要聽你解說？
3. 你本人需要解決什麼問題？

4. 如何解決問題？你是否知道方法，或是認真考慮過具體方法？
5. 顧客為何要聽取你的意見？為何信任你？你能否拿出令人信服的理由？
6. 顧客為何要信任你的公司？公司有什麼長處或魅力能吸引顧客？
7. 你憑什麼說你的解決方案才是最佳方案？該如何證明？證明方法是否對顧客有效，能否令顧客信服？
8. 為何顧客聽取你的方案後必須付諸行動？這對顧客有什麼好處？弊端又是什麼？該不該對顧客說明這些弊端？說了之後會有什麼後果？
9. 為何「現在」是顧客購買商品的最好時機，而不是未來的某個時候？

請各位在心中回答這些問題，並從現在起養成習慣，每天工作前對著鏡子問自己以上九個問題。也許一開始會答不上來，或是覺得答案有點牽強，這些都是正常的情況。尷尬或痛苦等感受在所難免，只要不輕言放棄、咬牙堅持下去，總有一天會得到完美答案，而這些答案會帶來期待已久的「三贏局面」，讓顧客、公司和自己都成為真正的贏家。

成交筆記

每天工作前問自己九個問題，剛開始可能會覺得答案有點牽強，但只要不輕言放棄，總有一天會得到完美答案。

你真的明白「顧客第一」代表什麼意義嗎？

歸根結柢，服務業的終極使命是為顧客提供服務，而且是高品質服務，從這個層面上來看，顧客絕對是服務業的核心，所以才會有「顧客第一」、「顧客是上帝」等說法。

但是，有多少人真的明白顧客第一的意思？我認為這個詞彙的意義可以總括成「排他性」三個字。簡單來說，就是滿足顧客需求，尤其是最急迫的需求，以此為基礎，任何事情都要無條件讓路。

退一萬步來講，如果實在無法做到，也應該盡可能給予精神和物質上的補償，盡量平息顧客心中的不滿。唯有如此，才是真的明白顧客第一的真諦，否則就只是典型的自欺欺人。

舉例來說，假設你到某家汽車展示中心，發現展廳沒有工作人員，或是即便很多人卻得不到照應。此時你質疑地表示：「為什麼明明有這麼多員工，卻沒有一個人來招呼我？」店家可能會理直氣壯地回答：「那些人不是銷售員，沒有義務接客！」

這番話乍聽之下似乎有道理，仔細一想卻極為荒謬，因為**對顧客而言，誰接待都不重要，重點是接待者背後代表的公司**。既然顧客來到這裡，就有權利受到熱情的接待，至於接待者是誰、什麼職務，都不是顧客應該關心的事。這就是排他性。

將公司內部的理由強加到顧客頭上，是服務業常見的通病，而且大多數顧客都對此深惡痛絕。不管公司有什麼特殊安排或制度規定，都與顧客無關，他們沒必要體恤或替賣方擔憂，更沒義務站在對方的立場考慮問題。

這麼說或許有點不講理，但這其實才是真正的講理，摸透這個道理後，才能真正理解「顧客第一」的意義。但在現實生活中，不理解排他性的案例實在太多。

最典型的例子就是我們常見的排隊情景。在超市收銀台排隊結帳，常會見到某個收銀台大排長龍，另個收銀台卻高掛「暫停使用」的免死金牌，而且由於牌子上沒寫出真正理由，帶給顧客無限想像空間，也許是店家人手有限、收銀台設備故障、收銀台的零錢不夠用等。總而言之，排隊的顧客只能耐住性子，一直等下去。

我出差時還常會碰到一種情況，就是早上到旅館櫃台辦理退房時，只見退房的櫃台前人滿為患，辦理入住的櫃台卻空空如也。而且，負責退房的員工完全沒有想幫忙的意思，只是看著大排長龍的顧客發呆……。

很顯然地，對這些商家來說，「顧客第一」是不折不扣的空話。明明有足夠的人手，怎麼能坐視大排長龍不管？為什麼無法在第一時間分擔同事壓力，縮短顧客的等待時間？這簡直就是浪費人力資源，而且可能換得顧客的不滿，甚至是憤怒。

也許有人會不服氣地說：「不同職位對應不同的工作內容，如果總是隨意讓他人插手，忽略術業有專攻的重要性，就會變得一團混亂！」這番說辭似乎很合邏輯，但是我想破腦袋還是不太明白。

我從事管理工作超過十年，當然知道培養專業人才的重要性，但是培育多元人才也同樣不可或缺。我的意思不是要把每個員工訓練得十項全能，而是希望員工可以適當掌握跨領域或跨分野的知識與技能。

實際上，強調「專業」不代表徹底否定「一專多能」，崇尚「分工」也不代表完全排斥「合作」的可能性，這些事情都是一體兩面，可以適當地統合起來。

再舉前文提到的旅館例子。我相信辦理入住手續的工作人員，應該也懂得處理退房手續。如果相鄰的兩個櫃台裡都有工作人員，其中一個櫃台的顧客人數明顯多於另一個，閒暇的工作人員卻不採取任何行動，就是嚴重的失職。因為，兩者的對比實在太過鮮明，在苦苦等候的顧客眼前，赤裸地展示這樣的場面，實在太荒謬、太無知也太殘忍了。

成交筆記

顧客不會在意接待者是誰、什麼職務，只在乎對方是否熱情服務。

萬一激怒顧客怎麼辦？用2方法平復情緒

那麼，如果因為種種主客觀原因，無可避免地必須讓顧客等待，商家最好想方設法補償，盡量撫平顧客心中的不滿和憤怒。**補償可以分為兩方面，一個是物質，一個是精神**。

物質不一定是金錢賠償，一杯水、一個小板凳、幾句暖心的話，便可能解決很大的問題，關鍵是心意要到、行動更要到，盡量治癒顧客內心的不滿。

至於精神補償則是不能對顧客的遭遇和不滿視而不見，總要給出令人信服的說法。實際上，大部分的顧客都不難纏，很容易便能被說服或撫平，也沒有那麼容易被激怒（除了少數奧客），因此顧客一旦憤怒，往往是一忍再忍、忍無可忍的情況。換句話說，如果商家在一些小細節上有疏忽，只要及時發現、迅速改善，大多情況下都可以防患未然。如果不明白這個道理，就沒資格做生意。

舉上一節超市收銀台的例子來說，店家想靠暫停服務這個免死金牌打發人，實在是誠意不足。如果有服務人員出來解釋幾句，顧客的感受一定會有所不同。

那麼，如果暫停服務的牌子上有簡略說明，像是「正在盤點，暫停使用」或是「設備故障，暫停使用」，就代表有誠意了嗎？即便如此，好像還是少了些什麼，顧客的心裡仍舊難以平衡，難免會質疑：「為什麼偏要在這麼忙的時候盤點？為什麼設備在這個時候剛好壞掉？」其實，顧客的焦慮往往缺乏理性，若只靠幾個冰冷的說明就想應付了事，未免太過天真。

❖安撫顧客不能靠理性，而是訴諸感性

要撫平顧客焦慮的情緒，不能只靠理性說明，更要搬出感性的話語。如果此時有個服務人員一邊耐心解釋故障原因，一邊誠摯地表達歉意，並站在顧客的立場上說幾

句好聽的話，體現出將心比心的態度，情況一定會大為不同，至少能輕而易舉地達到止損效果。

要特別注意的是，解決問題一定要快速且堅決，最好在發生問題的初期就出手，並且務必斬草除根，一旦顧客的憤怒情緒被點燃，再想收拾殘局可就難上加難。說到這裡，我突然想起常見的「機場怒」（乘客在機場裡鬧事）現象。坦白說，機場怒的成因有很多，的確有某些乘客的水準不高，讓工作人員相當頭痛。不過，撇除那些特殊的奧客，機場和航空公司也要負起相當大的責任。

我敢保證，九成以上的原因都是工作人員的應對方法出問題，可能是處理得太晚、太慢，或是前後脫節、邏輯混亂。總而言之，大多乘客不高興的往往不是不可抗力因素，而是工作人員的做法與態度。我相信只要肯動腦子、手腳勤快，一定能想出解決問題的好方法，在憤怒的火苗剛萌芽時，就盡速澆熄。

如果實在無法避免顧客大排長龍怎麼辦？接下來，我想提供各位一個實用的應對招數，可以在束手無策的時候使用。簡單來說，就是學會靈活且巧妙地佈置現場。

舉例來說，當某個櫃台前站滿顧客，另個櫃台前卻空空如也，那個無人問津的櫃台就不要安排工作人員駐守，避免顧客看了心理不平衡。此外，可以請無人問津的櫃台人員，時不時協助焦頭爛額的同事，哪怕只是做做表面都可以。總而言之，千萬不能露骨地把閒適的狀態，近距離展示給大排長龍、心情煩躁的顧客看。

一言以蔽之，能做到的事一定要做到位，做不到的事，至少要學會表演或遮掩，如果缺乏這方面的情商，就不用在生意場上混了。

成交筆記

要撫平顧客焦慮的情緒，不能只靠理性的說明，更要搬出感性的話語。

重點整理

- ☑ 接待顧客一定要有備而來，主動招呼不只是禮貌，也代表自己胸有成竹，把商談的主導權牢牢抓在手裡。
- ☑ 如果買賣雙方彼此懷疑，便會陷入猜疑的惡性循環中，將對方視為敵人，並採取攻擊性的行為。
- ☑ 排他性指的是把滿足顧客需求當作最重要目標，其他任何事情都應該無條件讓路。
- ☑ 補償可以分為兩方面，一個是物質，另一個是精神。
- ☑ 最好在問題發生初期就出手解決，顧客憤怒情緒一旦被點燃，再想收拾殘局就難上加難。

對許多服務業的人來說，顧客這個詞鮮少具有人格屬性，基本上都被直接視為資源，莫名其妙地沾染上某種物質屬性。

第7章

結尾常做這些事，「回頭客」的業績做十年

替顧客著想卻被潑冷水？可能是觸犯這個銷售大忌

情商是個老生常談的話題，乍看之下好像每個人都懂一點皮毛，但是真正參透這個概念的人卻是鳳毛麟角。簡單地說，高情商絕對不是天生，而是靠後天努力鍛鍊出的技能。

那麼，該如何鍛鍊情商呢？其實只要注重「換位思考」即可。在現代社會中，每個人都有需要服務的對象，也會成為接受他人服務的客戶。身為銷售員的你，只要在面對顧客的時候，拿出幾秒鐘的時間好好想一想：「如果今天自己和顧客交換立場，會有什麼感受？」

遺憾的是，換位思考不如嘴上說得容易，對許多人來說，是一道難以跨越的鴻溝。為什麼會這樣？因為在時間與空間的推移之下，每個人都擁有頑固的角色定位。

❖不把任何事物當作理所當然，擺脫角色定位的束縛

角色定位是一種自我認知，這種認知在人的一生中無所不在，上至八十歲的老人，下至五、六歲的兒童，都無法擺脫它的束縛。角色定位的影響極大，一旦形成便難以被改變。

舉例來說，某個醫師可能向病患反覆強調抽菸、喝酒的害處，但是一旦脫下白袍、當回普通人，卻比病患還要依賴抽菸、喝酒。某個家長可能在孩子面前說出一連串大道理，但是轉身之後，或許瞬間將這些大道理拋諸腦後。某個主管可能不厭其煩地向部屬講解高效工作法，但是回到自己的職位之後，效率反而不如部屬。這些現象全部肇因於角色定位。

也就是說，當人們處於某種角色時，會將特定行為視為理所當然，但是轉換為另一種身份時，反而下意識地否決或拋棄那些作為，以其他行為取代。如此往復循環，

人們會變得越來越矛盾，有時明明可以擺平許多看似艱難的任務，卻難以克服一些旁人認為簡單的事情。

遇到這種矛盾現象時，用雙重標準、不能以身作則等理由來責怪自己，也毫無意義，因為這完全是心理學方面的課題，而解決的方法就是刻意的鍛鍊。由於人們不會意識到自己的角色定位，因此不論是從道德高度制約或理性說教，都無法解決問題，只能透過觀察、思考和實際行動來管理自己的意識。

具體來說，即便眼前的事情看起來再怎麼普通，都不要輕而易舉地開始或結束，而是強迫自己多觀察、多思考、多琢磨事物背後的成因。然後，無論從這些問題當中找到什麼答案，一定要迅速實踐，大量從錯誤中學習。只要堅持不懈，假以時日，必定會成為擁有超高情商的人。

總而言之，訓練情商有三個法寶，分別是觀察力、思考力與行動力。我前文再三強調，當顧客進入店裡時，只要店內有工作人員，不管是誰、什麼職位，都必須在第一時間放下手頭工作、上前接待，這是做生意的基本原則。不過，這個原則有個小小的陷阱。

❖把顧客的感受還給顧客

我有次到汽車展示中心看車，接待我的是年輕的工作人員，她相當有禮貌，看得出來具備專業素養。她表示，自己只是業務部門的內勤，並不是銷售員，但店內暫時沒有人手，所以先由她接待。

接下來，那位工作人員便開始向我介紹產品，而且說得有聲有色，約莫過了三十分鐘，我臨時有急事要辦，便向她告辭。她禮貌地將我送到店門口，並遞上一張名片說：「這是我銷售員同事的名片，您回去後有什麼問題都可以聯繫他，下次您再次光臨時，也會由他來接待！」

接過名片後，我心裡隱隱感到有些彆扭，剛才的好印象也瞬間被沖淡，並不是因為那位工作人員遞名片的動作不夠及時，而是遞給我一張別人的名片。

如果我沒有見到那位工作人員，也沒和她談話，隨便從哪裡得到一張名片，倒也沒什麼大不了，但明明接待我的是眼前的工作人員，最後卻給我一張別人的名片，實在有點莫名其妙。

好不容易和一個人變得熟悉，卻突然被推向另個陌生人，這種感覺相當彆扭。不過，我無法指責那位工作人員，也許她身上沒有帶名片或者根本沒有名片，也可能是為了我的利益著想，把她認為更專業的人推薦給我，或者她只是按照公司的標準作業流程辦事。

無論原因是什麼，那位工作人員和公司都忽略一件非常重要的事情，就是顧客的感受。店家必須時時換位思考，為顧客設身處地，如果用一句話來說明上述案例的問題，那就是「顧客只對已見到的人感興趣，對沒見過的人毫不關心」，這是顧客的感受，他人無權干涉。

說到這裡，我忽然想到之前在另一家汽車展示中心，也遇到類似的事情。當時我和某位銷售員足足聊了一個多小時，就在我即將離去時，那位銷售員將我託付給另一位同事，那位同事非常客氣地將我送到門外，並遞上一張他自己的名片，然後恭敬地替我開車門、請我上車，並且一直目送我遠去。我拿著那張名片心想：「那個人是誰？憑什麼要我打電話給他？」

說實話，我對那位送我出門的銷售員沒有任何成見，畢竟他客氣又周到，表現得彬彬有禮。但是，我和他不熟，也沒打過交道，依然是陌生人的關係。一開始接待我的銷售員則不同，我與他聊了很長一段時間。如今忽然換人，不就等於一切都要從頭開始？這個案例的最大問題，同樣在於沒考慮顧客的感受。

我在汽車銷售業打滾很長一段時間，上述情形可能是基於不可以搶顧客的內部規定，也許我從一開始就是第二位銷售員的顧客，但是他因為種種原因無法立即接待我，因此先由第一位銷售員代為招呼，等到第二位銷售員騰出時間之後，代打的同事便必須識趣地退出，將我拱手讓人。

各位聽完我的敘述，是不是覺得哪裡不太對勁？是的，在這個案例當中，我的感受完全被忽略，甚至嚴重地被物化，成為徹頭徹尾的業績來源或搶手資源。

對許多服務業的人來說，顧客這個詞很少與「人」掛鉤，也很少具有人格屬性，基本上都被直接視為資源，莫名其妙地沾染上某種物質屬性。像前例一樣，強行把顧客從深入交談過的人身邊拽走，推向另個陌生人的懷抱，既失禮也失利，最終吃虧的還是店家自己。

總而言之，感受是顧客自己的事，他人無權干涉也干涉不了。所以，切記將顧客的感受還給顧客，千萬不能越俎代庖或是擅自揣測，甚至將自己的感受強加到顧客頭上，否則遲早會害死自己。

成交筆記

感受是顧客的事，他人無權干涉，因此要將顧客的感受還給顧客，千萬不能越俎代庖，擅自揣測他們的想法。

超級業務員就連「帶新人」，也能讓自我印象升級！

談完負面例子之後，我想向大家介紹關於銷售情商的正面例子。這個故事涉及一個關鍵字「OJT」（On the Job Training），翻譯成中文的意思是「在職培訓」。那麼，在職培訓究竟和情商有什麼關係呢？

接下來的案例，是我一個友人的真實故事。這位友人的車子已經開了六、七年，一直想要換一輛比較好的車子，但是由於工作繁忙，平時沒機會去逛展示中心。某天，她下定決心推掉所有的公事和私事，來到某家汽車展示中心。

當友人的車快開到店門口，天公不作美，突然下起傾盆大雨。更倒楣的是，她停好車、正要下車時，才發現自己居然沒帶傘！於是，她準備抓緊時機，冒雨衝進店裡。此時，她看見有個人影從店裡跑出來，並撐著傘來到她車旁，熱情地招呼：「歡迎光臨！您是來看車的嗎？」她定睛一看，聲音的主人是個二十出頭的年輕銷售員。

友人低聲回應之後，年輕銷售員便替她打開車門，撐著傘一路護送她走進店裡。她進門後才發現，年輕銷售員為了幫忙遮雨，身上的衣服已經淋濕一大片。她帶著歉意道謝，年輕銷售員靦腆地笑著說：「沒關係，您是客人，怎麼能讓您淋到雨呢！」

突然，年輕銷售員話鋒一轉，俏皮地開玩笑說：「很常聽到老婆和老媽都掉進水裡時要先救誰的問題，還真不知道怎麼回答，但是如果要在顧客和員工之間做選擇，那當然是顧客優先啦！」

年輕銷售員一邊和友人邊聊天，一邊引導她到顧客休息區的沙發上休息，隨即端來一杯熱騰騰的咖啡。整個過程不過五分鐘，但這位年輕銷售員已經在友人腦中留下非常深刻的印象，方才「突遭大雨」的沮喪，轉眼間變成「賓至如歸」的舒適。

不久後，年輕銷售員遞上名片、簡單地和友人寒暄幾句，並直奔主題，詢問友人的來意：「您今天來是想換車嗎？請問您現在的愛車是什麼時候買的，有什麼樣的問題讓您不太滿意。如果可以，我也想聽聽您當初選擇這輛愛車是基於什麼優點，您方便和我說嗎？」

眼前的年輕銷售員和那些馬上吹噓自家商品的人不同，顯得非常鎮靜、從容，切入點也恰到好處，完全是從友人的立場出發，而且精心考慮她的潛在需求。他提出的問題既體現出尊重，也戳中顧客的痛點，可說是態度端正、手法純熟。

友人聽聞年輕銷售員的問題後，一下子打開話匣子，滔滔不絕地說了十幾分鐘，而對方始終認真傾聽，並勤做筆記。等到友人的話告一個段落，年輕銷售員開始詳細講解，逐一解開她心中的疑慮，而且每一條都說到心坎裡，讓她有種相見恨晚的感覺。

❖優秀部屬搭配可靠主管，形成「絕佳印象」鎖鍊！

兩人相談甚歡，不知不覺便過了半個多小時，這時有位三十幾歲的男性工作人員來到他們面前，自稱是這家店的銷售主管，也就是年輕銷售員的上司，銷售主管禮貌地詢問：「不好意思，我這位同事是新人，剛過試用期不久，業務還不太熟練，不知您對他的服務還滿意嗎？」

友人聽聞後大吃一驚，她完全沒想到，眼前這位年輕銷售員雖然長相帶有幾分稚氣，卻表現得淡定從容、純熟老練，完全看不出是剛過試用期的新人！友人馬上表示自己很滿意，並誇獎年輕銷售員的水準高、服務好。銷售主管笑了笑，簡單地向部屬詢問大概的情況，也和友人聊了十幾分鐘。

在和銷售主管談話的過程中，友人再次佩服那家店，原來銷售主管的專業程度又比年輕銷售員高出好幾倍，不得不讓人尊敬！而且，她注意到一個細節，年輕銷售員在銷售主管說話時，依然認真傾聽、勤做筆記，專注的臉龐令人動容。這個場面讓她頓時湧現出莫名好感，並在心中暗想：「有這樣的主管，必然會有這樣的部屬，真的是將門出虎子！」

商談結束後，銷售主管和年輕銷售員一起將友人送出門。那時雨勢已經轉小，他們還是堅持送一把傘給友人，並一同目送她駕車離開。友人從後照鏡中，看見兩位男士不停向自己揮手致意，心中不禁一陣感慨，而這份感慨很快地轉換為深深的敬意。

❖越是重大決策，決定依據越容易依賴直覺

友人向我轉述這個故事時，得意地表示自己就是從那刻起，決定不再尋找其他展示中心，要把換車的事情徹底交給那兩位銷售員。而且，當她腦中浮現這個想法時，連自己都嚇了一大跳！我身為多年的好友，知道她平時連買條絲巾都要貨比三家，沒想到她居然在買車這種大事上一錘定音，實在是有點不可思議！

不過，友人是個幹練的職業女性，極度相信自己的直覺，認為如果錯過這個時機，將來可能會後悔。事後證明，她的選擇沒有錯。

之後，從商談到成交的過程都相當順利，所有細節幾近完美，讓友人挑不出毛病。直到現在，售後服務環節也令她十分滿意。如今，她只要知道誰有意換車，便會大力推薦那家展示中心，無形中幫店家打了不少的廣告。

然而，故事到這裡還沒結束，友人在完成整個購車流程之後，為了再次確認自己決策的正確性，透過許多管道瞭解其他展示中心的情況，結果再次獲得滿意的答案，證明她當初的直覺和果斷決策沒有錯。

某次，我好奇地問友人：「為什麼購車後才去打聽其他店家的情況？一般來說不是都會先貨比三家再做決策嗎？畢竟購車的金額不菲，可不是個小數目！」

友人笑著回答說：「我不想因為打聽而動搖決心，破壞自己的直覺，說不定反而會做出錯誤的決策，讓自己後來感到後悔。」

人性就是這樣，越是重大的決策，決定因素往往是稍縱即逝的靈光閃現和直覺，這樣的決策過程看似突兀、似乎有些不近情理，卻符合人類行為學的基本邏輯。

那家公司之所以能讓友人決心孤注一擲，首先是那位令人留下好印象的新人，接下來是值得信任的主管，最後則是他們背後的公司。這一氣呵成、循序漸進的印象升級，帶給友人強烈好感，促使她迅速做出最終且不可逆的決策。

那麼，假設這個完美的印象鏈條在某個環節上斷裂，又會發生什麼事？如果新人表現優秀，但主管給人不好的印象，或者主管令人產生信賴感，但新人表現極差，都會讓顧客產生「公司不值得信任」的印象。在此情況下，即使公司有幾個不錯的員工，顧客也不會輕易做決策，一定會猶豫再三，並開始貨比三家、謹慎小心，絕不可能因為一時心血來潮，就當場決心買單。

❖刻意塑造員工完美默契，強化顧客印象

話說回來，從上述案例便可證實ＯＪＴ的重要性。好員工、好主管代表背後的好公司，完美的ＯＪＴ在這個印象升級中功不可沒。實際上，優良文化和傳統本來就是代代相傳，最終形成一個完整的企業文化，一旦產生這樣的文化氛圍，時時刻刻都會對顧客產生深刻的影響。

當然，有些手段高明的商家，會刻意向顧客呈現員工間完美的協作配合，以展示公司的良好運作狀況，進而達到強化印象的效果。在上述友人的例子當中，由於我當時不在現場，無法確認那兩位員工的行為是否存在表演的成分，但結果顯然令人相當滿意。如果我是那家店的老闆，一定會把這個案例當成絕佳示範，請其他員工也如法炮製。

其實，ＯＪＴ的效果在生活中相當常見。舉例來說，當你見到一個彬彬有禮的小孩，會發現父母也相當親切客氣，因為家長在教養孩子時，始終維持良好的氛圍，從親子的互動中也可感受到融洽氣氛。這時，你一定會對這個家庭產生良好印象以及信

任感。

總體來說，情商既屬於個人也屬於團體，個人行為可以塑造情商，集體行為則可以成就情商。在許多場合中，後者比前者更具有說服力，也更具有決定性，請商家務必特別注意。

成交筆記

人在面臨重大決策時，決定因素往往是稍縱即逝的靈光閃現和直覺。

超級業務員的字典裡，沒有「不知道」只有「交給我」

在商場上，還可以從另一方面體現出情商的重要，那就是充足的準備。如果想和顧客做生意，至少要表現出專業水準，讓人覺得自己找對人。相反地，如果表現得不夠專業，就是不尊重顧客，也不尊重自己的職業。

「不打無準備之仗」這句話看起來理所當然，但在第一線銷售現場，卻經常可以看到空手上戰場的荒唐事，令我感到非常不解。為了讓各位更容易明白，接下來用具體對話來呈現沒做準備的情況：

顧　客：請問這款新車是某某型號嗎？

銷售員：哦，請稍等一下！我來查查看。
顧　客：這款車的排氣量多大？
銷售員：稍等稍等，我正在查資料⋯⋯。
顧　客：這款車和去年那款車最大的區別是什麼？
銷售員：不好意思，這款車才剛上市不久，我們店昨晚才擺出來，有些內容還不太清楚。請稍等我幫您查查看⋯⋯

這樣的對話實在索然無味，簡直像在對牛彈琴，不用猜也能想像得出來，那位顧客一定相當失望。也許對話中的銷售員認為：「由於車子是昨晚才擺出來展示，因此擁有準備不充分的權利，而且顧客必然會理解自己的苦衷，不至於產生不滿情緒。」

但是這麼想實在太天真了，顧客一定會產生不滿，而且不滿的情緒會非常強烈。原因很簡單，新品上市的時間長短不關顧客的事，更不應該成為銷售員不專業的理由。**作為專業人士，哪怕是一分鐘前剛上市的新品，只要擺出來銷售，就必須是熟悉該商品的專家**，不然乾脆不要擺出來，銷售員沒有絲毫在顧客面前找藉口的餘地。

再舉一個完全相反的例子。有次我在辦公的時候，筆記型電腦突然壞掉，但是公司的資訊維修部門剛換一批新人，原本那位技術嫻熟的資深同事剛離職，新來的同事還沒熟悉公司，只能處理一些簡單的工作。

無奈之下，我只好親自跑一趟電腦維修中心，沒想到卻碰上一位年輕工程師，我不禁暗暗失望，心想：「可能又要再換一家店了！」然而，這位年輕人出乎我的預料，不只熱情地招呼我，而且可以從言談中感覺出來他相當專業，無論我提出多麼刁鑽的問題，他都能熟練地回答，不亞於公司那位辭職的資深同事。

年輕人接過我的電腦，一邊熟練地拆卸、測試，一邊和我聊天，並時而穿插電腦常識，而且他講解得非常淺顯易懂，連我這個電腦門外漢也能輕鬆聽懂。

不到半個小時，年輕人便搞定我的電腦，讓我相當吃驚，而且比過去那位資深同事的速度還要快上好幾倍。眼前這位年輕人就像拆解小孩的玩具一樣，談笑間便輕鬆修理完畢，真是令人嘆為觀止！

常言道：藝高人膽大。這位年輕人自始至終表現得如此從容自信，如果沒有一定的功底，絕對做不到。由此可見，有備而來對專業人士來說是多麼重要。

相同地，在面對顧客時做足準備也一樣重要，只有在面對專業人士時，顧客的心裡才會踏實，得以放心地把自己的金錢或將來交給對方。從這個意義來看，做好準備就是尊重、信任，以及專業素養。

成交筆記

顧客在面對專業人士時，心理才會覺得踏實，並且安心地把金錢或未來交付給對方。

基本功沒打好，跑業務就容易混水摸魚！

那麼，萬一銷售員出於種種原因，沒有做好準備，不得不硬著頭皮面對顧客時，又該怎麼辦呢？方法很簡單，只要做好彌補的工作即可。

這世界不存在完人，沒有人能提前預知一切、事先防範所有意外，或是完美解決顧客的所有問題。每個人都有失誤和準備不足的時候，有時還會面對令人束手無策的情況。因此，失誤沒關係，只要及時糾正就好。

一般來說，商家總是下意識地認為顧客很苛刻、懷有敵意，實則不然。除了少部分的奧客之外，大部分的顧客在大多情況下都非常寬容，即便商家犯了一些小錯誤，只要能及時補救，並展現出十足誠意，顧客通常很快便會釋然。不僅如此，正所謂「不打不相識」，經過一些小小的波折後，商家與顧客的關係甚至可能再更上一層樓。

許多剛進公司的新人，一開始接待顧客時常說：「不好意思，我剛到公司沒多久。」言外之意就是，不太熟悉顧客提出的問題，所以無法應對如流。每個人都曾經歷過青澀的新人時光，難免會因為經驗不足而不安，連資深員工都不可能無所不知，更何況是新人？

因此，「不知道」情有可原，重點是之後的應對和解決方法。如果現場答不上來，可以詢問他人，或是之後再致電給顧客好好說明。總而言之，千萬不能拋下一句「不知道」，就立刻從顧客眼皮下逃走，那樣就太失禮、太令人失望。就我的實際經驗來看，**那些把不知道掛在嘴邊的員工中，十之八九存在基本功不扎實的問題**。

此外，由於基本功不足，不知道的東西實在太多，所以一旦請人幫忙，便幾乎沒有重新插手的餘地，等於把顧客拱手讓人。再者，數度請教同事，就像不斷彰顯自己的無知，許多人都會對此產生抵觸心理。因此，不少銷售員寧可敷衍，也不打算解決顧客的問題。為此，我先講述如何扎實地鍛鍊基本功。

對任何一個行業來講，基本功都是重中之重，這絕不是誇大其詞或危言聳聽，而是無數人、無數企業以及我自己本人活生生、血淋淋的例子。所以，一直以來我都十分不解，為什麼那麼多企業如此漠視基本功，總是迫不及待將一大堆不合格的「半成品」（沒有培訓好的新人）推向第一線。

我想得到的原因有兩個。一來是企業人手緊缺，不願意花太多時間與金錢培訓，總是想要快速創造收益，畢竟培訓必須花錢，工作才能賺錢。二來，培訓是教育的一部分，往往沒什麼效益，很難讓員工產生實務經驗，不如直接在實際工作中摸索學習，反而更能快速掌握銷售上的眉角。

坦白說，我能理解這些企業的想法，但這當中卻充滿謬誤。理由很簡單，儘管先天不足的基本功可以靠後天彌補，但在銷售業界中，這種可能性卻微乎其微，幾乎可以忽略不計，因為當中還潛藏著心理學邏輯。

一旦基本功不足的「半成品」銷售員進入第一線，業務不純熟所帶來的問題，會成為困擾他們的絆腳石。這時，人類的求生本能會促使他們選擇蒙混過關，而且一旦有了一次成功經驗，便會開始混日子和忽悠顧客，拒絕彌補基本功。畢竟沒人是傻子，既然能輕鬆混日子，何必選擇勤學苦練的道路來為難自己？

當然，我不否認在實踐中累積經驗的必要性和重要性，但是工作人員正式面對顧客前，務必打好扎實的基本功。否則一旦拖延，就幾乎沒有補救或挽回的餘地。

常言道：「經驗是『泡』出來的，知識是『學』出來的。」前句指的是進入銷售現場後的作為，而後句說的則是在那之前的準備，兩者的時間順序千萬不能顛倒，否則就會變成「泡知識、學經驗」，導致經驗和知識都是半吊子。

在職場中大量投入半成品的做法，看似節省時間，反而更浪費時間，感覺好像可以多賺錢，其實損失的錢更多，最終導致一舉兩失。

成交筆記

「不知道」情有可原，重點是之後的應對和解決方法。

遇到問題別急著提問！先想破腦袋更能印象深刻

另外，如果無法馬上回答顧客，還可以請教同事。不過，這件事也涉及職場心理學方面的邏輯。一般來說，能大方請教同事的往往有兩種人：一種是新人，一種是資深員工。

由於新人的業務還未上手，能夠直接向同事請教不理解的地方，資深員工則是已練就一身武藝，並確立自己的江湖地位，因此能不恥下問。

至於處在新人與資深員工之間的「夾心人」，則是說新不新、說老不老，他們既好面子，基本功又不夠扎實，不懂的事情卻拉不下臉來問人。因此，夾心人是最容易敷衍或忽悠顧客的高危險群。而且，夾心人在任何職場中都佔據多數，管理好他們是相當重要卻又極難解決的問題。

坦白說，我非常理解並支持這些夾心人，因為職場是個現實又殘酷的世界，不懂就問的原則未必適用在一切場合和時機，如果沒拿捏好輕重，極容易產生職場歧視或職場霸凌。

那麼，對職場的夾心人來說，遇到不熟悉或不理解的工作內容時，該怎麼做比較好呢？以下提供兩個方法：

1. 自己偷偷地學。
2. 上司偷偷地教。

如果從新人期步入夾心期之後，依然覺得基本功不夠扎實，最好迅速改掉「不懂就問」、「什麼都問」或是「見人就問」的毛病，盡量在私底下或沒人看到的地方下功夫。

相同地，夾心人的上司也要主動負起責任，盡量給予幫助，而且最好能迴避其他同事的耳目，這是為了充分關照到部屬的面子。然而，一般上司難以做到，經常見到上司當著其他同事的面，高聲指導基本功不夠扎實的夾心員工，嘴上說是培訓和教育，其實是為了誇耀和出風頭。

可以想像，如果有這樣的上司，部屬很難不混水摸魚，若雙方的關係就這樣僵持不下，問題便會朝向無解的方向迅速惡化。

❖絞盡腦汁的思考過後，更能印象深刻

也許有人會好奇，我在前文明明說過，基本功不足的問題要快刀斬亂麻、趁早解決，否則會衍生出其他大量的問題。但是，自學或偷學卻是個又笨又慢的方法，難道不會適得其反，讓問題越來越多、越滾越大嗎？

實際上，放棄頻繁、無所不在的提問方式，轉而採取自學或偷學，非但不會減弱學習動機，還會增加學習效率。因為如果一遇到問題就提問，沒經過大腦深度思考便輕易得到答案，其實相當不利於學習和掌握知識。正所謂「太容易得到的東西不會珍

惜」，太容易到手的知識也是相同道理，而且可能會導致兩個嚴重問題：一是怎麼學都記不住、二是削弱學習動機。

因此，少提問、多思考，盡量靠自己的力量尋找解決方法，才是最適合職場的方式。以下再舉日本企業的例子。

日本有家專售豐田汽車的經銷商，店名叫作「南國豐田株式會社」，這家公司在日本可說是無人不知、無人不曉。據說他們的第一線銷售員，平均每十五分鐘便可賣出一輛車，他們究竟是怎麼培訓員工的基本功呢？

秘訣在於「不教」兩個字。當然，並不是指完全不培訓或教育員工，而是精準把握「教」的時機。

他們要求新進員工，實習時就算遇到問題，也禁止向資深員工提問，而且資深員工不可以回答新進員工的疑問，只能在旁邊觀察，仔細琢磨自己的疑惑，或是在實踐中尋找答案，直到想破腦袋也不明白，磨破手也不清楚的時候，才可以請資深員工給出答案。

這麼一來，新進員工一旦掌握答案就不會輕易忘記，甚至可能牢記一輩子。畢竟過程太過刻骨銘心，想遺忘都很困難。

南國豐田株式會社就是用這種方法，將所有員工都訓練成專業人士，各個身懷絕技、獨當一面。由此可見，教與不教、問與不問之間往往只有一線之隔，效果卻天差地遠，箇中秘訣值得我們認真研究、切實掌握。

成交筆記

如果一遇到問題就提問，沒有經過大腦深度思考，其實不利於學習和掌握知識。

被顧客問倒不丟臉，不懂彌補缺失才會吃大虧！

想建立扎實基本功，除了請教、觀察與偷學之外，還可以「向顧客討家庭作業」。其實，無法馬上回答顧客的問題，未必全是壞事，只要用一些方法稍加調整，就可以化被動為主動，非但不會引起顧客不滿，甚至能創造更多、更好的銷售契機。

具體來說，即便遇到自己不懂的問題，也沒必要當場請教同事或前輩，而是將問題當作顧客留給自己的家庭作業，私下想辦法解決或找答案。等到解決之後，再以「交作業」的名目，創造與顧客接觸的機會，藉此深化商談。

這樣做有三個好處：一是輕鬆化解「不知道」的尷尬局面；二是能留下誠實、負責任的好印象；三是為顧客創造再次光臨的理由，可說是一舉三得。

然而，**許多銷售員面對當場做不到或不熟悉的問題，沒有補救便想敷衍過去，甚至將其視為理所當然。**

舉例來說，我有次到某家店看車，碰巧想看的那款車缺貨，銷售員只能拿產品型錄講解給我聽。由於那款車相當暢銷，缺貨也是情有可原，而且銷售員講解得很清楚，我並不是因為沒看到展車而心生不滿。我不開心的地方在於，當我離開之後，銷售員一再打電話催促我下定決心。

那位銷售員忽略很嚴重的問題，他沒有彌補自己的不足，就把決策責任硬塞給顧客。如果真的有心，應該想辦法調一台展車給顧客看，畢竟買車不是件小事，總不能只靠型錄那幾張紙，就要求顧客掏出錢來。

那位銷售員因為不夠用心、過於懶惰，自恃嘴上功夫高強，而認為空手上陣便能凱旋而歸，殊不知不拿武器上戰場，最終倒楣的還是自己。

說起產品型錄，我又想起一件事。某次，我向汽車銷售店的櫃台人員索取型錄時，對方表示型錄已經發完，正在向廠商訂貨，要過幾天後才會到。我感到相當鬱悶，不是因為自己的要求沒被滿足，而是這位工作人員的應對實在太粗糙。型錄發完了不是問題，重點在於他絲毫沒試著從其他管道取得型錄。

找到一份型錄不是難事，也許某個銷售員的公事包裡、辦公室的文件堆裡都可以找到幾份。如果這家店確實沒有多餘的型錄可以提供給顧客，至少也應該表現出「試圖解決問題」的樣子。例如：到辦公室找一找、打電話詢問同事等，只要做出想要解決問題的姿態，顧客會比較釋然，至少不會覺得被敷衍。

也就是說，**顧客要的不是解釋，而是你的行為，與其靠語言說服，不如靠行動證明**，哪怕是表演也在所不惜。歸根結柢，問題出在沒表現想彌補問題的態度。

類似的案例很多。有次我問某位銷售員，某款新車比另個品牌的競品車好在哪裡，對方竟然面不改色、理直氣壯地跟我說：「對不起，那款車不是我們店經銷的品牌，我不太瞭解。」我聽聞後差點昏倒，掌握競品知識是生意場上的常識，連這種話都能說出口，怎麼有臉在這行混？

那位銷售員見我一臉不悅的神情，馬上話鋒一轉：「您放心，我們這款車的品質絕對是上乘，不輸給任何競品車。尤其我們的引擎剛升級，性能絕對沒話說！除此之外，它還具備這樣幾個特點……」

我知道那位銷售員想透過強調自家商品的長處，來掩蓋自己的知識缺陷，以便緩和剛才的尷尬氣氛，不過這招使得太慢又太突兀，我完全沒聽進他之後說的話。

當然，我也遇過幾個出色的銷售員，他們能透過彌補，將危機化為轉機。我之前在某座城市從事汽車銷售，有次假扮成神秘訪客，造訪另一家競爭店，那裡有位年輕銷售員令我印象深刻，他僅用一個小舉動，便徹底征服我的心。

那時，我刻意提出大量關於競品車的問題，用盡一切刁難的辦法，想故意讓那位銷售員出醜。沒想到，他乾脆跑回辦公室，拿出一本厚厚的專業資料遞給我。我一看不禁大吃一驚，因為是同行，我知道那是內部資料，一般不會拿給顧客看。一來內容太過專業，二來是當中有許多機密訊息，畢竟資料上有各種車（包括自家品牌）的優缺點。

那位銷售員為了徹底解開顧客心中的疑惑，竟不惜拿出公司內部資料向我分享，其誠意讓我相當心動。我在心中暗暗佩服他，相信他一定是公司的業績台柱。

多年之後，我一直記得那位銷售員，於是想盡辦法把他挖角到自己的公司，果然不出我所料，他的表現非常亮眼，業績突出又穩定，進入公司不久後，便有幾分中流砥柱的架勢。

說了這麼多真實案例，我想表達的是，不知道並不可怕，可怕的是之後的應對方式。如果處理得好，便可達到否極泰來的效果，處理得不好，恐怕會變成雪上加霜。危機處理需要技術和能力，更是考驗情商的關卡，必須擁有對細節的高敏感度，所謂「魔鬼藏在細節裡」，就是這個道理。

成交筆記

無法馬上回答顧客的問題未必是壞事，只要運用一些方法，便可以化被動為主動。

重點整理

- ☑ 訓練情商有三個法寶，分別是觀察力、思考力與行動力。
- ☑ 刻意呈現同事間完美的協作配合，在顧客面前展示公司的良好運作狀況，進而達到強化印象的效果。
- ☑ 做生意時要表現出專業水準，讓顧客覺得找對人。不專業的表現，就是對顧客及自己的不尊重。
- ☑ 一旦基本功不足的銷售員進入第一線，並被業務不純熟的問題所困，便會基於求生本能而想蒙混過關。
- ☑ 少提問、多思考，盡量靠自己的力量尋找解決方法，才是最適合職場的方式。

國家圖書館出版品預行編目（CIP）資料

為什麼 99% 的成交都藏在銷售細節：40 個小地方，是你業績翻倍的機會！／南勇著；新北市：大樂文化，2019.12
224 面；14.8×21 公分. --（BIZ；74）

ISBN 978-957-8710-53-5（平裝）
1. 銷售　2. 銷售員　3. 職場成功法

496.5　　108020300

BIZ 074

為什麼 99% 的成交都藏在銷售細節

40 個小地方，是你業績翻倍的機會！

作　　者／南　勇
封面設計／蕭壽佳
內頁排版／顏麟驊
責任編輯／劉又綺
主　　編／皮海屏
發行專員／劉怡安、王薇捷
會計經理／陳碧蘭
發行經理／高世權、呂和儒
總編輯、總經理／蔡連壽

出 版 者／大樂文化有限公司
地址：新北市板橋區文化路一段 268 號 18 樓之1
電話：（02）2258-3656
傳真：（02）2258-3660
詢問購書相關資訊請洽：2258-3656
郵政劃撥帳號／50211045　戶名／大樂文化有限公司

香港發行／豐達出版發行有限公司
地址：香港柴灣永泰道 70 號柴灣工業城 2 期 1805 室
電話：852-2172 6513　傳真：852-2172 4355

法律顧問／第一國際法律事務所余淑杏律師
印　　刷／韋懋實業有限公司

出版日期／2019 年 12 月 27 日
定　　價／260 元（缺頁或損毀的書，請寄回更換）
I S B N　978-957-8710-53-5